■ 高职高专教育"十三五"规划教材

建筑CAD实用教程

JIANZHU CAD
SHIYONG
JIAOCHENG

主　编／王武兵　　魏绍芬
副主编／尹　琳　　张春燕
参　编／向丽娜　庞　玥　黎　志
主　审／罗　雪

U0240373

重庆大学出版社

内容提要

AutoCAD 是一款优秀的计算机辅助设计软件,在工程设计领域得到了广泛应用。本书以 AutoCAD 2010 中文版为平台,以实例与习题相结合的方式介绍了利用 AutoCAD 绘制建筑和土木工程图的方法与技巧。

本书以绘图基础为切入点,力求通过典型例题,分析绘图方法,讲解命令的使用,使读者掌握 AutoCAD 2010 版的使用。全书包括 AutoCAD 2010 绘图基础、精确绘图与对象选择、图层的应用与管理、常用绘图命令、编辑与修改命令、文字表格与尺寸标注、建筑施工图的绘制、建筑施工详图与结构施工图、三维绘图命令、三维修改命令、布图与打印,以及天正 TArch 2013 建筑设计软件的简单介绍。

本书方法视角独特,知识讲解到位,操作步骤清晰,简单易懂。读者看得懂、学得会、用得上,可作为高等院校建筑类相关专业的教材,也可供工程技术人员学习参考以及供初学者自学使用。

图书在版编目(CIP)数据

建筑 CAD 实用教程/王武兵,魏绍芬主编.—重庆:
重庆大学出版社,2016.6(2018.1 重印)
ISBN 978-7-5624-9825-4

Ⅰ.①建… Ⅱ.①王…②魏… Ⅲ.①建筑设计—计
算机辅助设计—AutoCAD 软件—教材 Ⅳ.①TU201.4

中国版本图书馆 CIP 数据核字(2016)第 117412 号

高职高专"十三五"规划教材
建筑 CAD 实用教程
主　编　王武兵　魏绍芬
副主编　尹　琳　张春燕
主　审　罗　雪
策划编辑:王海琼
责任编辑:陈　力　版式设计:王海琼
责任校对:邹　忌　责任印制:张　策

*

重庆大学出版社出版发行
出版人:易树平
社址:重庆市沙坪坝区大学城西路 21 号
邮编:401331
电话:(023)88617190　88617185(中小学)
传真:(023)88617186　88617166
网址:http://www.cqup.com.cn
邮箱:fxk@cqup.com.cn(营销中心)
全国新华书店经销
重庆升光电力印务有限公司印刷

*

开本:787mm×1092mm　1/16　印张:17.75　字数:410 千
2016 年 7 月第 1 版　2018 年 1 月第 3 次印刷
印数:6 001—9 000
ISBN 978-7-5624-9825-4　定价:39.00 元

序 言

　　高职教育要以市场需求为目标,以服务为宗旨,以就业为导向,以能力为本位。建筑类专业人才培养的外在规模和内涵发展,要求提供更多更好的教学基础资源,为满足"十三五"期间及今后一段时间的建筑类高职人才培养的需求,我们组织了一批来自于重庆市市级精品课程《建筑计算机辅助设计》的主讲教师和重庆市市级精品资源共享课《建筑计算机辅助设计》的主讲教师,结合目前教育部高职高专建筑类专业教学指导委员会对人才培养的要求编写了《建筑 CAD 实用教程》。

　　本课程的实践性和操作性都很强,参编教师力求在教材中体现以"做"为中心,融"教、学、做"为一体,以期有利于学习者在教学过程中逐步培养起实际操作技能,体现出了从入门到熟练、从单一绘图技能到综合绘图能力的职业技能培养过程。在教材编写中,参编教师注重贯穿系统化知识,构建较好满足现实要求的系统化职业能力及发展为目标,不断将高职人才培养的新成果融入教材,既体现出了高职高专人才培养的类型层次特征,体现出了建筑类专业的特征,同时,在传统教材基础上力求创新,按照课程改革建设的教学要求,让教材注意整体性和系统性,突出过程和能力的培养。

　　本教材主编、副主编及参编教师均有着多年教学一线丰富的课程教学、竞赛辅导与工程实践经验的骨干教师,但高职计算机教育发展迅速,新的经验层出不穷,计算机绘图软件本身也在不断完善和发展。因此,本教材依然存在许多需要不断改进之处,我们会不断总结经验,及时修订和完善这本教材,使它更符合"能力本位"的基本原则,使知识的讲述更简明扼要,使实例更经典和更具有实用性,使实例带动的知识点和技巧更多,使实例与知识点的结合更完美,这些都是编者继续努力的方向,也诚恳地期待每一位读者提出宝贵的意见和建议。

2016 年 6 月 12 日

前　言

现代信息社会中,计算机辅助设计(Computer Aided Design,CAD),已经成为建筑类专业基础课程之一,计算机绘图也是建筑工程信息化建设的要求。建筑 CAD 绘图是学生毕业后在工作中必须掌握的技能,也是建筑类岗位群中相关工作岗位所必需掌握的技能。

AutoCAD 软件是由美国欧特克有限公司(Autodesk)出品的计算机辅助设计软件,用于绘制二维图形和基本三维设计,在全球广泛使用,是国际工程界广泛使用的计算机辅助设计软件,可用于土木建筑、装饰装潢、工业制图、工程制图、电子工业、服装加工等领域。

本书系统介绍了 AutoCAD 2010 中文版的基本功能及其在建筑工程制图中的应用和绘图技巧,第 1 章主要介绍了 AutoCAD 2010 绘图界面、软件基本操作等基础知识;第 2 章重点讲解对象捕捉、对象追踪、正交等辅助工具在精确绘图中的应用及图形对象选择技巧与方法;第 3—6 章详细讲解 AutoCAD 2010 中图层的应用与管理、常用绘图命令、编辑与修改命令、尺寸标注与文字表格等内容,这些内容是教材中的重点内容;第 7、8 章结合建筑工程制图的相关规范,分别对建筑施工图中的建筑平面图、立面图、剖面图以及建筑施工详图与结构施工图的绘制方法与技巧进行了详细讲解;第 9、10 章详细讲解了三维绘图与修改命令;第 11 章讲解了图形输入输出、创建和设置布局页面以及打印 AutoCAD 图纸等基本知识;附录 A 重点介绍了全国范围内的建筑设计单位应用最多的天正建筑,重点介绍了天正 TArch 2013 建筑设计软件的基本操作;附录 B 汇总了常用的 CAD 快捷命令,方便学习查找。

本书由重庆建筑工程职业学院王武兵、魏绍芬担任主编,罗雪担任主审。本书共 11 章及附录。第 1、2 章由尹琳编写;第 3、4、5 章由魏绍芬编写;第 6 章由向丽娜编写;第 7、8 章由王武兵编写;第 9、10 章由黎志编写;第 11 章、附录 A、B 由张春燕编写。在全书编写过程中,庞玥对全书做了仔细的文字校对,并对教材的修订提出了许多有益意见。

本书既可作为高职高专土建类专业的计算机辅助设计课程的教材,也可作为建筑相关行业的设计和工程绘图人员学习计算机绘图的参考工具书。

本书在编写过程中得到了许多同行的帮助和支持,在此表示感谢。由于编者水平有限,书中难免有不妥之处,敬请广大读者批评指正。

编　者
2016 年 4 月

目　录

第1章

AutoCAD 2010 绘图基础

【知识提要】

通过本章的学习,能对 AutoCAD 2010 有一个整体了解,初步掌握其界面组成和图形文件的管理,并且能够完成绘图的初始设置以及认识坐标系和坐标轴。

【学习目标】

①AutoCAD 的界面组成和绘图原理。

②掌握管理图形文件的方法。

③了解绘图环境的设置方法。

④掌握坐标系的定义方法。

AutoCAD 是由美国 Autodesk 公司于 1982 年开发的计算机辅助设计软件,经过 30 多年的发展与完善,现已成为国际上广为流行的绘图工具。

AutoCAD 具有良好的用户界面,有易于掌握、使用方便、体系结构开放等优点,具备二维图形绘制、基本三维图形绘制、标注尺寸、设计文档、渲染图形以及打印输出图纸等功能。强大的功能及操作简便,使其广泛应用于工程制图、工业制图、服装加工、电子工业等领域。

1.1　AutoCAD 2010 中文版的启动与退出

与其他的软件一样,要先启动 AutoCAD 2010 中文版才能使用,一般有两种启动方式:

①双击桌面上 AutoCAD 2010 中文版的快捷图标 。

②单击 Windows 任务栏上的"开始"→"所有程序"→"AutoDesk"→"AutoCAD 2010-SimplifedChinese"→"AutoCAD 2010",如图 1.1 所示。

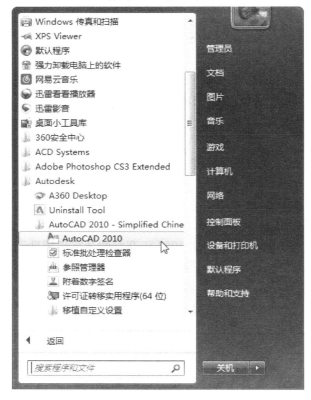

图 1.1　AutoCAD 2010 启动

退出软件只需单击标题栏最右边的 ⊠ 按钮即可。

1.2　AutoCAD 2010 的窗口界面

AutoCAD 2010 中文版的用户界面主要由应用菜单、标题栏、功能区、AutoCAD 经典下拉菜单、工具选项板组、绘图区、信息栏和状态栏组成。启动 AutoCAD 2010 中文版后,其界面如图 1.2 所示。

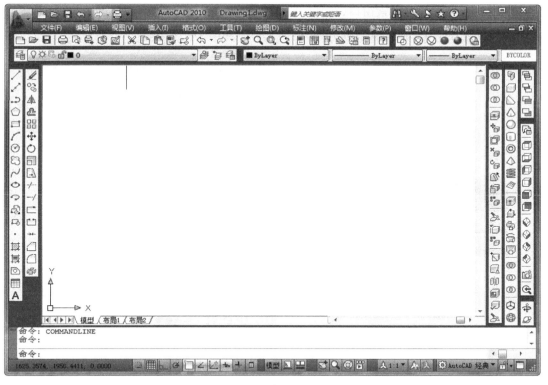

图 1.2　窗口界面

1.2.1　应用菜单

AutoCAD 2010 窗口界面左上角的

为"应用菜单"图标，单击它会出现如图 1.3 所示的程序菜单。应用菜单里包含常用的文件工具和最近使用过的文件。

1.2.2　标题栏

AutoCAD 2010 窗口界面的顶部是标题栏，包括最左边的应用菜单按钮，中间的程序名和文件名，以及右侧的最大（小）化、还原和关闭按钮。

标题栏的左半部分有"快速访问工具栏"，列有常用的工具按钮，如图 1.4 所示。单击工具栏左边的下拉箭头，可以更改工具按钮数量，或者将"快速访问工具栏"移动到功能区的下方。

图 1.3　程序菜单

3

标题栏右半部分有搜索窗口,在其中输入需要搜索的关键词,单击望远镜按钮,系统会显示出帮助菜单、相应命令等与关键词有关的内容,如图1.5所示。

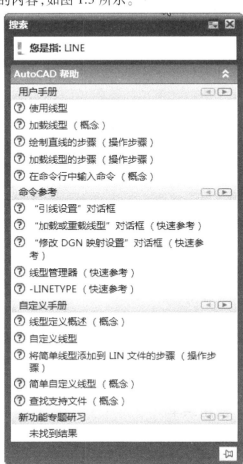

图1.4　快速访问工具栏　　　　　图1.5　搜索窗口

1.2.3　功能区

功能区由"选项卡"和其对应的"面板"组成。"选项卡"内是常用的图标按钮。单击"面板"的下拉箭头,显示的是该部分内容的按钮。

在默认情况下,功能区的"选项卡"包括"常用""插入""注释""参数化""视图""管理"和"输出"7个,如图1.6所示。选择不同的"选项卡",其下面所对应的"面板"也不同。

图1.6　功能区的组成

在功能区的灰色区域内单击鼠标右键,会弹出如图 1.7
所示的弹出菜单,该菜单可以对功能区的布局进行设置。

在命令行中输入"ribbon"或者"ribbonclose"命令可以用
来显示和不显示功能区。

1.2.4 AutoCAD 经典下拉菜单

老版本的下拉菜单,可以在命令行中输入"menubar"命
令,然后设其值为 1,即可以在功能区上部显示经典下拉菜
单,如图 1.8 所示。单击状态栏右侧的 初始设置工作空间 下拉菜
单,在弹出的菜单中选择"AutoCAD 经典"选项即可将操作

图 1.7 功能区的弹出菜单

界面切换到显示下拉菜单和工具栏的传统操作界面。或者单击"快速访问工具栏"的下拉
箭头,并选择"显示菜单栏"。

图 1.8 经典菜单

1.2.5 工具选项板组

在图 1.7 中的弹出菜单里选择"显示相关工具选项板组",在
屏幕的右边会出现如图 1.9 所示的工具选项板组。

1.2.6 绘图区

绘图区位于窗口界面的中心,是用来绘制、修改并显示图形的
区域。当鼠标移动到绘图区域时,便出现十字光标或者拾取框。

1.2.7 信息栏

信息栏位于绘图区的下方,用于接受用户输入的各种命令和
参数,并显示 AutoCAD 的提示及相关信息。在默认情况下,命令
行仅显示两行文字,用户可通过光标的拖拽改变其大小。

文本窗口实际上是放大了的命令行,<F2>键则是其激活按
钮。文本窗口完全独立于 AutoCAD 程序窗口,可单独最大化、最
小化或者关闭,可查阅最近操作过的命令具体内容。

图 1.9 工具选项板组

1.2.8 状态栏

状态栏位于主窗口的底部,用于显示当前十字光标所处位置的坐标值,以及各种模式

的状态等信息。

状态栏左边的第一项是坐标值的显示,随着十字光标的移动,其中显示的数值一直变化。其后紧跟着的几个开关,分别代表:捕捉、栅格、正交、极轴、对象捕捉、对象追踪、UCS、动态输入、线宽、快捷特性,单击相应按钮,可打开或关闭相应模式。右边是 AutoCAD 2010 中新增的图形状态栏,其中包含用于注释的工具等按钮。

1.3 图形文件的管理

AutoCAD 2010 中文版中常用的图形文件管理命令有创建新图形文件、打开图形文件、保存图形文件等。

1.3.1 创建新图形

启动 AutoCAD 2010 中文版时系统会自动创建一个名为"Drawing1.dwg"的图形文件,除此之外用户还可以通过以下方法新建图形文件:

①应用菜单: → "新建"。

②下拉菜单:"文件"→"新建"。

③快速访问工具栏:"新建"按钮□。

④命令行:NEW。

执行新建图形文件命令后,在"选择样板"对话框内选择样板文件后单击"打开"按钮,如图 1.10 所示。

图 1.10 选择样板对话框

在"选择样板"对话框的列表中,有多种标准样板文件可供用户选择。样板文件中已保存了各种类型的标准设置,利于具体设计工作中图纸的统一。

在"选择样板"对话框的"打开"按钮旁有一个下拉按钮▼,单击此按钮,可选择样板图纸的测量体系:公制或者英制。

1.3.2　打开图形文件

打开 AutoCAD 文件有下述 4 种方法:

①应用菜单:▲ →"打开"。

②下拉菜单:"文件"→"打开"。

③快速访问工具栏:"打开"按钮。

④命令行:OPEN。

在"选择文件"对话框的文件列表中,选择要打开的文件,则在右边的预览窗口中显示出该图形文件的预览图像。在"打开"按钮旁有一个下拉按钮▼,提供了"打开""以只读方式打开""局部打开"和"以只读方式局部打开"4 种打开方式。

除此之外,还可直接拖曳要打开的图形文件的图标到 AutoCAD 程序窗口的绘图区以外的任何位置。但是,如果将该文件拖动到已打开的图形绘图区内,则该图形会被作为外部参照插入当前图形中。

当要处理一个很大的图形时,可以选择"局部打开"功能用以打开此图形中要处理的视图和图层中的对象。

1.3.3　保存图形文件

在绘图过程中或者完成后,需要将绘图文件存入磁盘时,一般有两种方式保存图形文件:一是快速保存;二是换名保存。

(1)快速保存

快速保存常有下述 4 种方式:

①应用菜单:▲ →"保存"。

②下拉菜单:"文件"→"保存"。

③快速访问工具栏:"保存"按钮。

④命令行:SAVE。

执行快速保存命令后,系统将当前图形文档以原文件名覆盖原文件方式储存,而不会给用户任何提示。如果当前图形文档是第一次储存,系统则弹出"图形另存为"对话框,用以设置图形文件的名称、类型及保存路径。

(2)换名保存

换名保存有如下 3 种方式:

①应用菜单:▲ →"另存为"。

②下拉菜单:"文件"→"另保存"。

③命令行:SAVEAS。

执行换名保存命令后,系统弹出"图形另存为"对话框,并需用户指定图形文件的名称、类型及保存路径。

1.3.4　关闭图形文件

当用户绘图完成后,可关闭当前图形文档,也可直接关闭 AutoCAD 程序窗口,常用如下 4 种方法:

①应用菜单:→"关闭"。

②下拉菜单:"文件"→"退出"。

③标题栏:单击标题栏的 ⊠ 按钮。

④命令行:QUIT。

执行关闭命令后,系统立即结束所有命令并关闭程序窗口。如果图形文件作过改动,系统则弹出如图 1.11 所示的提示框,提示用户是否进行保存文件操作。

图 1.11　提示框

1.3.5　修复图形文件

启动修复图形文件的命令有如下 3 种方法:

①下拉菜单:"文件"→"绘图使用程序"→"修复"。

②快速访问工具栏:→"图形实用工具"→"修复"。

③命令行:RECOVER。

执行修复图形文件后,在弹出的选择文件对话框选中要进行修复的文件,然后 AutoCAD 会在文本窗口中显示修复过程及结果。

1.4　绘图的初始设置

经常使用 AutoCAD 的用户,会设置 AutoCAD 的绘图参数,以适应自己的绘图习惯。建筑工程制图中,常进行下述项目设置。

1.4.1　设置绘图区域

绘图区域也称为图形界限,它是用户的作图区和图纸的边界。设置绘图区域是为了避免用户绘制的图形超出某个范围。在世界坐标系下,绘图区域由一对二维点确定,即左下角点和右上角点。

启动设置绘图区域命令常用下述两种方法:

①下拉菜单:"格式"→"图形界限"。

②命令行:LIMITS。

在命令行中输入 limits 命令后,系统提示如下:

①指定左下角点或[开(ON)/关(OFF)]<0.0000,0.0000>:输入 on 则打开图形界限检查,此时就不能在界限之外作图;输入 off 则关闭图形界限检查,此时在图形界限之外也可作图;输入图形界限左下角的坐标(如 100,100)后按回车键。

②指定右上角点<420.0000,297.0000>:输入图形右上角的坐标(如 500,400)后按回车键。

1.4.2　设置图形单位

AutoCAD 对象的单位是图形单位,也就是不管用户绘图的真实对象的长度单位是毫米或者是米,AutoCAD 程序都以图形单位来计算,默认状态下也为十进制。

例如,当用户使用的单位是"米"时,输入"1",即为 1 m,如果用户改变单位为"毫米"时,此"1"则代表 1 mm。但是在 AutoCAD 程序中,"1"所代表的长度是相等的。在建筑工程制图中,一般以毫米为单位。

启动绘图命令有下述两种方法:

①下拉菜单:"格式"→"单位"。

②命令行:UNITS。

在弹出的"图形单位"对话框中,用户可以设置绘图时使用的长度和角度单位以及各自的精度等参数,如图 1.12 所示。

在"长度"和"角度"选项区中设置数值的具体类型和精度。在"类型"下拉列表框中提供了 5 种单位;在"精度"下拉列表框中提供了最高小数点后8 位的精度设置。

图 1.12　"图形单位"对话框

"顺时针"复选框,将改变系统的默认方向——逆时针。

"插入比例"选项区用于设置向图形中插入图块时,图块缩放所代表的单位。一般选择"无单位",也就是图块采用原始尺寸插入而不进行缩放。

"方向"按钮,单击该按钮,会弹出"方向控制"对话框,用于对绘图方向的设置。在默认情况下,基准角度为 0°,也就是指向正东方。

1.4.3　设置自动保存文件时间

在用户绘图时,不可预见地会出现死机的情况,这时自动保存文件的功能就显得非常重要,其可以防止因意外造成的文件缺失。具体操作步骤如下:

①选择下拉菜单中的"工具"→"选项",在弹出的"选项"对话框中选择"打开和保存"选项卡。

②选择"文件安全措施"选项区中的☑ **自动保存(U)** 复选框。在保存间隔分钟数的数值栏中设置自动保存的时间间隔数,建议 10 min 左右。

1.5 坐标系与坐标值

图形设计中需要一个基准点作为参照,用以定位其他对象。AutoCAD 提供了灵活的坐标系来满足这个要求。

1.5.1 坐标系

坐标(x,y)是表示点的最基本方法。在 AutoCAD 中,坐标系分为世界坐标系(WCS)和用户坐标系(UCS)。两种坐标系下都可以通过坐标(x,y)来精确定位点。

默认情况下,在开始绘制新图形时,当前坐标系为世界坐标系即 WCS,其包括 x 轴和 y 轴(如果在三维空间工作,还有一个 z 轴)。WCS 坐标轴的交汇处显示"口"形标记,但坐标原点并不在坐标系的交汇点,而位于图形窗口的左下角,所有的位移都是相对于原点计算的,并且沿 x 轴正向及 y 轴正向的位移规定为正方向。

在 AutoCAD 中,为了能够更好地辅助绘图,经常需要修改坐标系的原点和方向,这时世界坐标系将变为用户坐标系即 UCS。UCS 的原点以及 x 轴、y 轴、z 轴方向都可以移动及旋转,甚至可以依赖于图形中某个特定的对象。尽管用户坐标系中 3 个轴之间仍然互相垂直,但是在方向及位置上却都更灵活。另外,UCS 没有"口"形标记,如图 1.13 所示。

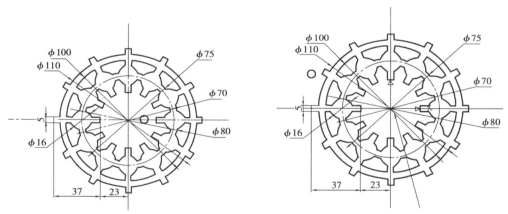

图 1.13　坐标系

1.5.2 坐标值的表示方法

在 AutoCAD 2010 中,点的坐标可以使用绝对坐标和相对坐标,它们的表示方法如下所述。

(1)绝对坐标的输入

以坐标原点(0,0)或(0,0,0)为参照来定位其他点的坐标表示方式,称为绝对坐标。绝对坐标又分为绝对直角坐标和绝对极坐标。

● 绝对直角坐标:是从点(0,0)或(0,0,0)出发的位移,可以使用分数、小数或科学记数等形式表示点的 x 轴、y 轴、z 轴坐标值,坐标间用逗号隔开,例如点(8.3,5.8)和(3.0,5.2,8.8)等。

●绝对极坐标：是从点（0,0）或（0,0,0）出发的位移，但给定的是距离和角度，其中距离和角度用"<"分开，且规定 x 轴正向为 0°，y 轴正向为 90°，例如点（4.27<60）、（34<30）等，其中 4.27 和 34 表示极长，60 和 30 表示极角。

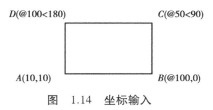

图 1.14 坐标输入

（2）相对坐标的输入

以选取的某点作为参照，相对于该点的位置和角度定义的坐标称为相对坐标。其表示方法是在绝对坐标表达方式前加上"@"，如（@ - 13,8）和（@ 11<24）。其中，相对极坐标中的角度是新点和上一点连线与 x 轴的夹角。

例如以 A、B、C、D 的顺序绘制如图 1.14 所示的矩形，其 A、B、C、D 4 个点可以分别以（10,10）、（@ 100,0）、（@ 50<90）、（@ 100<180）来表示，如图 1.14 所示。

1.5.3 坐标显示的控制

在绘图窗口中移动十字指针时，状态栏上将动态地显示当前指针的坐标。坐标显示取决于所选择的模式和程序中运行的命令。在状态栏显示坐标的区域内单击鼠标右键，弹出的快捷菜单中共有 3 种显示方式，分别为"绝对""相对"和"关"。绝对坐标：88.1689，19.0239，0.0000。相对坐标：22.0000<300，0.0000。

●"绝对"：显示光标的绝对坐标，该值是动态更新的，在默认情况下，显示方式是打开的。

●"相对"：显示一个相对极坐标。当选择该方式时，如果当前处在拾取点状态，系统将显示光标所在位置相对于上一个点的距离和角度。当离开拾取点状态时，系统将恢复到模式 1。

●"关"：显示上一个拾取点的绝对坐标。此时，指针坐标将不能动态更新，只有在拾取一个新点时，显示才会更新。但是，从键盘输入一个新点坐标时，不会改变该显示方式。

1.5.4 创建和使用用户坐标系

用户可以根据需要创建、正交和命名用户坐标系。

（1）创建用户坐标系

创建用户坐标系的命令有多种，均在下拉菜单"工具"→"新建 UCS"的子命令中。

●"世界"：可以将当前 UCS 恢复为 WCS。

●"上一个"：可以将当前的坐标系恢复为上一个坐标系。

●"面"：可以选择实体对象中的面定义 UCS。用户可以选择实体对象上的任意一个面，被选中的面将亮显，如果此时选择命令提示后的"接受"选项，则 AutoCAD 将该面作为 UCS 的 xOy 面，x 轴将与最近的边对齐，从而定义 UCS。

●"对象"：AutoCAD 将根据用户指定的对象定义 UCS。在图形中选择图形对象时，AutoCAD 根据不同的对象类型选择相应的方法定义 UCS，其中新 UCS 的 z 轴正方向与选定对象的正法向保持一致，一些典型的定义方法见表 1.1。

表 1.1　UCS 定义

对　象	定义方法
点	新建 UCS 的原点位于该点
直线	新建 UCS 的原点位于选择点最近的端点,AutoCAD 选择新的 x 轴使该直线位于新 UCS 的 xz 平面中,并且使该直线的第二个端点在新的 UCS 中 y 坐标为零
宽线	新建 UCS 的原点位于宽线的起点,x 轴沿宽线的中心线方向
圆弧	新建 UCS 的原点位于圆弧的圆心,x 轴通过距离选择点最近的圆弧端点
圆	新建 UCS 的原点位于圆的圆心,x 轴通过选择点
二维多线段	新建 UCS 的原点位于多段线的起点,x 轴沿起点到下一顶点的方向
二维填充	新建 UCS 的原点位于二维填充的第一点,x 轴沿前两点之间的连线方向
标注	新建 UCS 的原点位于标注文字的中点,x 轴的方向平行于绘制该标注时生效的 UCS 的 x 轴
三维面	新建 UCS 的原点位于三维面的第 1 点,x 轴沿前两点的连线方向,y 的正方向取自第 1 点和第 4 点,z 轴由右手定则确定
形、文字、块参照、属性定义	新建 UCS 的原点位于该对象的插入点,x 轴由对象绕其拉伸方向旋转定义,用于建立新 UCS 的对象在心 UCS 中的旋转角度为零

- "视图":可以以平行于屏幕的平面为 xy 平面定义 UCS,UCS 原点保持不变。
- "原点":可以直接指定新 UCS 的原点。
- "z 轴":可以指定 z 轴正半轴,从而定义新 UCS。
- "三点":可以指定新 UCS 的原点及其 x 和 y 轴的正方向,AutoCAD 将根据右手定则确定 z 轴。
- "x""y"或"z",可以绕相应的坐标轴旋转 UCS,从而得到新的 UCS。

（2）使用用户坐标系

命名用户坐标系:选择下拉菜单"工具"→"命名 UCS"命令,打开"UCS"对话框,单击"命名 UCS"选项卡,并在"当前 UCS"列表中选中"世界""上一个"或某个 UCS,然后单击"置为当前"按钮,可将其置为当前坐标系,这时在该 UCS 前面将显示"?"标记。

使用正交用户坐标系:选择下拉菜单"工具"→"命名 UCS"命令,打开 UCS 对话框,在"正交 UCS"选项卡中的"当前 UCS"列表中选择需要使用的正交坐标系,如俯视、仰视、左视、右视、主视和后视等。

设置 UCS 的其他选项:在 AutoCAD 2010 中,可以通过选择下拉菜单"视图"→"显示"→"UCS 图标"子菜单中的命令,控制坐标系图标的可见性及显示方式。

- "开":选择该命令可以在当前视口中打开 UCS 图符显示;取消该命令则可在当前视

口中关闭 UCS 图符显示。

- "原点":选择该命令可以在当前坐标系的原点处显示 UCS 图符;取消该命令则可以在视口的左下角显示 UCS 图符,而不考虑当前坐标系的原点。
- "特性":选择该命令可打开"UCS 图标"对话框,可以设置 UCS 图标样式、大小、颜色及布局选项卡中的图标颜色。

1.6 AutoCAD 命令的调用方法

在 AutoCAD 2010 中,常用命令的调用一般都是使用鼠标和键盘来完成。

1.6.1 使用鼠标调用命令

通过鼠标单击或右击的操作,完成命令的调用。其实现的主要功能如下:
①利用鼠标执行菜单或按钮命令。
②根据提示,利用鼠标绘制图形。
③利用鼠标控制视图的显示。
④利用鼠标设置环境和属性的更改。

1.6.2 使用键盘调用命令

AutoCAD 主要的命令可通过键盘在命令行中输入,而且文本、坐标值、数值及各种参数的输入大都由键盘来完成。

例如,用键盘完成圆的绘制:

命令:circle ↙。

输入圆心的坐标:120,120 ↙。

输入圆的半径:50 ↙。

1.6.3 透明命令

执行透明命令是在运行其他命令的过程中执行另一个命令。如在画直线的过程中需要缩放视图,这时就可用透明命令,视图缩放后可接着画直线。

透明命令主要用于修改图形设置或打开绘图辅助工具,如正交模式、对象捕捉、单点捕捉等,而选择对象、创建对象、重新生成图像等的命令就不能透明调用。

1.6.4 命令的重复、撤销和恢复

AutoCAD 中,用户可方便地对命令重复执行,或调用已执行的命令。

(1)重复命令

用户可通过 3 种方式重复执行命令。

要重复执行上一个命令,可敲击回车键或空格键来完成,或在绘图窗口中单击鼠标右键,然后在弹出的快捷菜单中选择"重复"命令。

要重复执行最近使用的 6 个命令中的一个,可在命令行窗口或文本窗口中单击鼠标右键,从弹出的快捷菜单"近期使用的命令(E)"中选择所需要的,如图 1.15 所示。

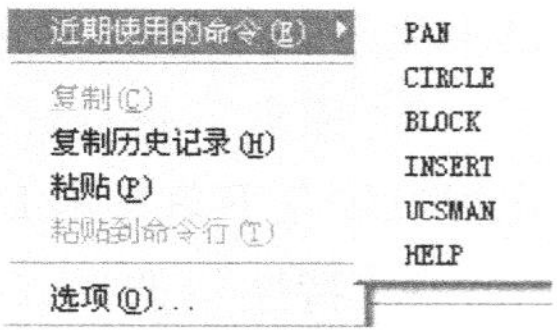

多次重复执行一个命令,可在命令行中输入 Multiple,然后在下一个提示中输入要重复执行的命令,则系统将重复执行该命令,直到用户按下"Esc"键为止。

图 1.15　近期使用的命令

(2)撤销命令

最简单的撤销命令的操作,是使用工具栏上的 ↶ 按钮或快捷键<Ctrl+Z>,可以撤销图形文件没执行保存操作前的所有命令。再者,命令行中撤销单次操作的方法就是使用"undo"。用户若需撤销之前的多步操作,可在"undo"命令输入后,再输入放弃操作的数目。

(3)恢复命令

恢复撤销的最后一个操作,可以使用 undo 命令。也可使用工具栏上 ↷ 的按钮。

本章小结

通过本章的学习,应了解 AutoCAD 2010 的功能,熟悉其操作界面,熟练其命令调用方式。首先学习了绘图基础和 AutoCAD 2010 版本的经典工作界面,在界面里有标题栏、菜单栏与快捷菜单、工具栏等,为下面绘图作了铺垫。除此之外,还有图形文件管理器,学会了如何新建图形文件、打开已有文件和保存文件,以及坐标系的认识和绘图命令的调用方法。

习题与实训

一、填空题

1.中文版 AutoCAD 2010 为用户提供了(　　　　)、二维草图与注释和三维建模 3 种工作空间模式。

2.图形文件的打开方式有打开、以只读方式打开、局部打开和以只读方式局部打开 4 种。如果用打开和(　　　　)方式打开图形,可以对图形文件进行保存;如果用(　　　)和以只读方式局部打开方式打开图形,则无法对图形文件进行保存。

3.按(　　　　)组合键,打开"图形另存为"对话框,同样可以将图形文件保存在不同的位置或以不同的文件名进行保存。

4.利用坐标辅助绘图是精确绘图的基础,也是确定对象位置的基本手段。在 AutoCAD 中,系统提供世界坐标系和(　　　　)两种不同的坐标系供用户使用。

5.采用键盘输入方法确定点的位置时,必须以点坐标的形式给出,可分为绝对坐标和(　　　　)两种方式。

二、选择题

1.AutoCAD 图形文件的后缀名为 *(　　　　)。

A. ＊.dxf   B. ＊.dwg   C. ＊.dws   D. ＊.dwt

2.打开图形文件的命令是(   )。

A.START   B.BEGIN   C.OPEN   D.ORIGIN

3.在 AutoCAD 2010 中可将 AutoCAD 图形对象保存为其他需要的文件格式以供其他软件调用,无法输出以下(   )文件格式。

A.三维 DWF   B.图元文件   C.ISO 文件   D.位图

4.AutoCAD 是由(   )公司开发的应用软件。

A.Adobe   B.Microsoft   C.Micromedia   D.Autodesk

5.在 AutoCAD 中,下列坐标中使用相对极坐标的是(   )。

A.(20,35)   B.(20<35)   C.(@20<35)   D.(@20,35)

第2章

精确绘图与对象选择

【知识提要】

在绘图过程中,仅使用坐标系来定位并不是很方便。AutoCAD 提供了绘图的辅助工具,用以对特殊的点精准定位。通过本章的学习,掌握如何使用对象捕捉、对象追踪和正交工具进行精确绘图。

【学习目标】

①掌握对象选择的不同方法与技术。

②掌握正交模式对象捕捉、对象追踪和栅格的设置与应用。

在绘图过程中,经常需要对点进行选择与定位,如果采用常规方式,是很难直接准确地拾取所需要的点。在 AutoCAD 系统中,对象捕捉与追踪却使得用户的绘图方式发生很大的改变,它提供的基于已知点的追踪线来可视化拾取,使得使用者可以方便地拾取到这些点,以大大提高绘图的效率。

2.1　选择对象方式

在编辑操作图形前,首先需要选择编辑的对象。AutoCAD 2010 提供了多种选择对象的方法,并用虚线亮显所选的对象。被选择的对象可以是单个的,也可以是编组。

2.1.1　设置对象选择模式

对象模式的设置,可以选择下拉菜单"工具"→"选项"命令。打开"选择集"对话框,选中"选择"选项卡,其中可设置选择的具体参数,如图 2.1 所示。

（1）"先选择后执行"复选框

选中此选项后,将会调换大多数修改命令的传统次序。在命令行输入"命令:"提示下,可以先选择对象,再执行具体修改。当然,也不是所有的命令都支持"先选择后执行"的模式,例如 TRIM,EXTEND等。

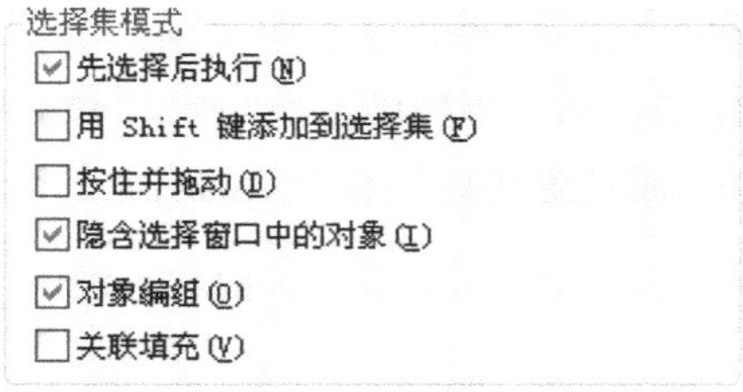

（2）"用<Shift>键添加到选择集"复选框

选择集模式
- ☑ 先选择后执行 (N)
- ☐ 用 Shift 键添加到选择集 (F)
- ☐ 按住并拖动 (D)
- ☑ 隐含选择窗口中的对象 (I)
- ☑ 对象编组 (O)
- ☐ 关联填充 (V)

图 2.1　选择集对话框

选中此选项卡后,在选择时需添加新对象,则必须同时按住<Shift>键,才能完成添加操作。与之相应,在取消选择的对象时,也需用同样的方法。

（3）"按住并拖动"复选框

选中此选项卡后,可以按住拾取按钮,同时拖动光标来确定选择窗口。而没选中此选项卡时,则需指定两个点来确定选择窗口。

（4）"隐含窗口"复选框

选中此复选框,用户进行对象选择时,拖动光标或定义对角点的方式即可出现一个矩形,此矩形范围就可定义选择的对象。反之,建立选择窗口则需调用"窗口"或"窗交"选项。

（5）"对象编组"复选框

选中该复选框时,如果选择组中的任一个对象,则该对象所在的组都会被选中。

（6）"关联填充"复选框

选中该复选框时,如果选择关联填充的对象,则填充的边界对象也被选中。

2.1.2　选择对象

在 AutoCAD 2010 中,选择对象的方法很多。

（1）点选择对象

选择一个对象时,将拾取框移动到被选对象上,然后单击。

（2）循环选择对象

如果图形非常拥挤,则选择某一对象将很困难,因为距离太近或者被选对象正好位于另一个对象之上。单独选取对象时,在拾取框中可以循环选择对象,直到用户需要选择的对象亮显。要达到此目的,可将拾取框移动到所需对象上,并尽可能靠近该对象,然后按住

<Ctrl>键的同时单击,AutoCAD 在命令行中将显示下列信息:

　　命令:<循环 开>

　　激活对象循环后,每单击一次,AutoCAD 将会亮显一个不同的对象。在所需对象亮显时,按空格键将该对象添加到选择集中。

　　①使用"窗口"模式选择对象。此种方式通过绘制一个矩形框来选择对象。第一步,用鼠标单击指定一个对角点后,向右拖动鼠标,将显示一个实线矩形。第二步,当矩形将所需选择的对象全部框住后,用鼠标单击指定第二个对角点,则进入实线矩形中的对象将被选中。

　　②使用"窗交"模式选取对象。"窗交"模式也是通过绘制一个矩形框来选择对象,但是与"窗口"模式又有所区别。第一步,完成单击后,是向左拖动鼠标,这时显示的是虚线矩形。第二步的操作与"窗口"模式相同,但选择结果不同。不仅虚线矩形中的对象被选中,而且虚线矩形所涉及的对象的全部主体也被选中,如图 2.2 所示。

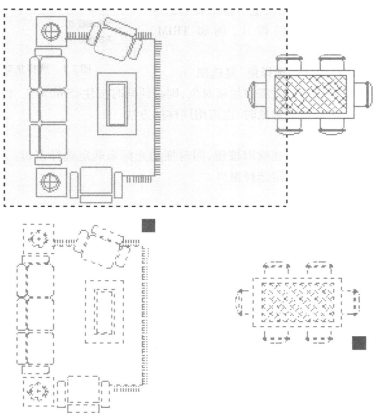

图 2.2　窗交模式

　　使用"窗交"模式选取复杂对象时将会非常方便。

　　③使用"栏选择"模式选择对象。在命令行输入"select"命令再输入<？＞,打开选择项目后,按下<F>键即进入"栏选择"模式。栏选择看起很像多线段,只选择线段经过的对象,而非通过封闭图形选择对象。图 2.3 所示为使用栏选择来选择多个对象的结果。

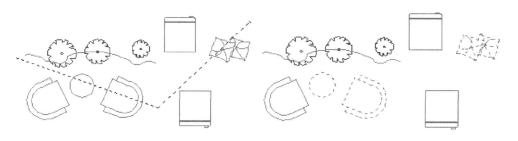

图 2.3　栏选择多个对象

2.1.3　快速选择对象

快速选择命令可以根据需要,一次性选取所需所有对象。启动快速选择命令有以下两种方法:

①下拉菜单:"工具"→"快速选择"。

②命令行:qselect

在快速选择对话框中,可以设置自定义的选择条件,根据此条件选择所需对象,如图2.4所示。

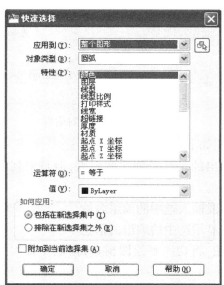

图 2.4　快速选择对话框

①在"应用到"列表中选择将应用到的图形,或单击右侧的"选择对象"按钮,在绘图窗口中选择所应用到的图形。

②在"对象类型"下拉列表中选择需过滤的对象类型。

③在"特性"下拉类表中选择过滤对象的属性。

④在"运算符"下拉列表中选择控制过滤器中过滤值的范围。

⑤在"值"文本框中设置过滤器的值。

⑥在"如何应用"选项区中选择是否选中符合过滤条件的对象。

⑦如果选中"附加到当前选择集"复选框,则将保存当前的选择设置,作为默认选择集。

2.1.4 对象编组

编组是保存对象集,可以根据需要一起选择和编辑,也可以分别进行。编组提供了以组为单位进行图形对象操作的简单方法。

在命令行中输入"group"命令,然后按<Enter>键,即可打开"对象编组"对话框,如图2.5所示。

图 2.5 "对象编组"对话框

"创建编组"对话框说明如下:

● "编组名"列表框:列出的是已经创建的编组,但是未列出未命名的编组,若也想列出则需选中□未命名的(U)复选框。

● "编组名":用于显示或输入选中的编组名称。

● "说明"文本框:用于显示选中的编组的信息。

● 单击"查找名称"按钮:将切换到绘图窗口,拾取要查找的对象后,该对象所属组名将显示在编组名列表中。

● "亮显"按钮:用于亮显绘图窗口中对象组的所有成员。

● "新建编组"选项区:用于新建一个新组。

● "修改编组":用于修改编辑已有的对象编组。

2.2 对象捕捉

在选择一些特殊的关键点时,如直线的中点、端点、交点、切点、圆心等,对象捕捉可以快速、准确地拾取这些关键点。下面将介绍系统提供的一系列绘图辅助工具。

启动对象捕捉的方法有下述 3 种:

①命令行：snap。

②按下<Shift>键的同时右击，在弹出的快捷菜单中选择相应命令。

③功能键：<F3>。

在命令行中输入 snap 命令后，系统提示如下：

指定捕捉间距或［开（ON）/关（OFF）/纵横向间距（A）/样式（S）/类型（T）］<10.0000>：

在该提示下输入捕捉间距值，各选项含义如下：

- 开(ON)：打开捕捉模式。
- 关(OFF)：关闭捕捉模式。
- 纵横向间距(A)：在 x 和 y 方向上指定不同的间距。
- 样式(S)：设置捕捉样式为"标准"或"等轴测"模式。
- 类型(T)：设置捕捉类型，即是栅格捕捉和极轴捕捉。

除此之外，还可在下拉菜单的"工具"→"草图设置"中对其进行设置。

2.2.1 设置对象捕捉

使用对象捕捉可以将指定点快速、精确地限制在对象的确切位置上，而不必了解其坐标值。选择下拉菜单"工具"→"草图设置"，在弹出的"草图设置"对话框中，选择"对象捕捉"选项卡，如图 2.6 所示。在此对话框中，提供了 13 种目标捕捉类型用于设置捕捉模式。

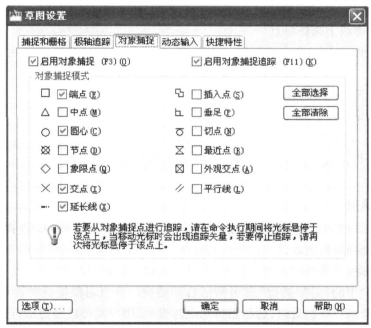

图 2.6　对象捕捉设置

捕捉工具栏中各项按钮含义如下：

- "临时追踪"按钮：命令为"TT"，临时使用对象捕捉跟踪功能。可在不打开对象捕捉跟踪功能的情况下，临时使用一次该功能。

●"自捕捉"按钮:命令为"FROM",设置一个基准点以进行其他位置的定位。在使用该选项时,需要指定一个临时点,然后根据该临时点来确定其他点的位置。

●"捕捉到端点"按钮:命令为"END",用来捕捉对象(如圆弧或直线等)的端点。

●"捕捉到中点"按钮:命令为"MID",用来捕捉对象的中间点(等分点)。

●"捕捉到交点"按钮:命令为"INT",用来捕捉两个对象的交点。

●"捕捉到外观交点":命令为"APP",用来捕捉两个对象延长或投影后的交点。即两个对象没有直接相交时,系统可自动计算其延长后的交点,或者空间异面直线在投影方向上的交点。

●"捕捉到延伸线":命令为"EXT",用来捕捉某个对象及其延长路径上的一点。在这种捕捉方式下,将光标移到某条直线或圆弧上时,将沿直线或圆弧路径方向上显示一条虚线,用户可在此虚线上选择一点。

●"捕捉到圆心":命令为"CEN",用于捕捉圆或圆弧的圆心。

●"捕捉到象限点":命令为"QUA",用于捕捉圆或圆弧上的象限点。象限点是圆上在0°、90°、180°和270°方向上的点。

●"捕捉到切点":命令为"TAN",用于捕捉对象之间相切的点。

●"捕捉到垂足":命令为"PER",用于捕捉某指定点到另一个对象的垂点。

●"捕捉到平行线":命令为"PAR",用于捕捉与指定直线平行方向上的一点。创建直线并确定第一个端点后,可在此捕捉方式下将光标移到一条已有的直线对象上,该对象上将显示平行捕捉标记,然后移动光标到指定位置,屏幕上将显示一条与原直线相平行的虚线,用户可在此虚线上选择一点。

●"捕捉到插入点":命令为"INS",捕捉到块、形、文字、属性或属性定义等对象的插入点。

●"捕捉到节点":命令为"NOD",用于捕捉点对象。

●"捕捉到最近点":命令为"NEA",用于捕捉对象上距指定点最近的一点。

●"无捕捉":命令为"NON",不使用对象捕捉。

●"对象捕捉设置":命令为"snap",用于捕捉选项的具体设置。

2.2.2 自动捕捉

在实际绘图过程中,使用对象捕捉可以提高绘图效率,为此,AutoCAD提供了一种自动捕捉模式。自动捕捉模式就是当用户将光标移动到一个对象上时,系统自动捕捉到该对象中所有符合目标捕捉条件的几何特征点,并显示出相应的标记。

单击状态栏中的"对象捕捉"即可激活自动捕捉。开启对象捕捉功能后,当指针移动到已有图形对象的特殊位置时,会给出特殊点的提示,用户就可根据提示,选择所需要的捕捉点。

2.2.3 设置对象捕捉参数

在绘图过程中,为了绘图方便,可以设置自动捕捉标记的大小、颜色和捕捉靶框的大小。选择下拉菜单"工具"→"选项",在弹出的"选项"对话框中选择"草图"选项卡进行设置,如图 2.7 所示。

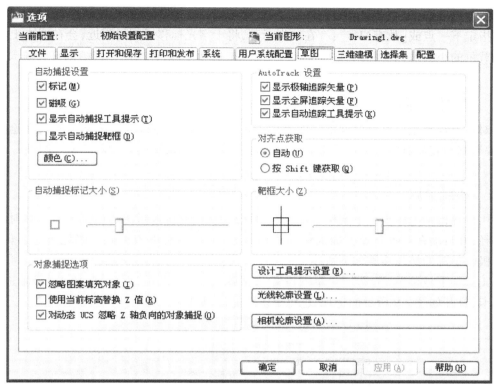

图 2.7 草图选项卡

实例:绘制如图 2.8 所示的图形。

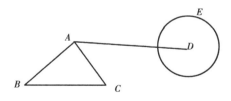

图 2.8 实例图

在命令行输入: line
指定第一点: //在该提示下用鼠标在绘图区域拾取 A 点
指定下一点或[放弃(U)]: //在该提示下拾取 B 点
指定下一点或[放弃(U)]: //在该提示下拾取 C 点
指定下一点或[放弃(U)]: //在该提示下输入 c 并按回车键以闭合三角形
命令行: c
指定圆的圆心或[三点(3P)/两点(2P)/相切、相切、半径(T)]: //在该提示下用鼠标在绘图区域拾取 D 点,作为圆的圆心
指定圆的半径或[直径(D)]: //在该提示下,用鼠标拾取 E 点,作为圆的半径

命令行：line

指定第一点：//在该提示下，将十字光标移近 AC 线段靠 A 点的一端，会在 A 点上出现一个黄色的方框，表明已经捕捉到 A 点，然后单击鼠标左键

指定下一点或［放弃（U）］：//在该提示下，将十字光标移近圆的附近，会在圆心上出现一个黄色的小圆框，表明已捕捉到 D 点，然后点击鼠标左键，再按回车键结束直线输入。

2.3　对象追踪

对象追踪则是定位除关键点外的其他点的方法。自动追踪可以按指定的角度绘制对象，或绘制与其他对象有特定关系的对象。自动追踪包括极轴追踪和对象追踪两种。

2.3.1　极轴追踪

用户在极轴追踪模式下定位目标点时，系统会在光标接近指定的角度上显示临时的对齐路径，并自动在对齐路径上捕捉距离光标最近的点，同时可根据此准确地确定目标点。设置极轴追踪的操作步骤如下所述。

①选择下拉菜单"工具"→"草图设置"，将弹出"草图设置"对话框，单击"极轴追踪"选项卡，打开如图 2.9 所示的选项，也可单击功能键<F10>。

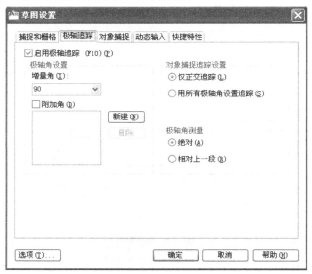

图 2.9　极轴追踪选项卡

②选中"启用极轴追踪（F10）（P）"复选框，打开极轴追踪功能。

③在"增量角"的下拉列表中选择需要追踪的角度，如果设置为"90"，则表示以角度为 90°或 90°得倍数进行追踪。

④选中 ☑附加角(D) 复选框，单击数值框右边的"新建"按钮，然后在数值框内的文本框中输入一个角度值，即可新建一个附加角。

⑤在"对象捕捉追踪设置"选项组中，若选中"仅正交追踪"单选按钮，启用对象捕捉追踪，此时只显示获取的对象捕捉点的正交（水平/垂直）对象捕捉追踪路径；若选中"用所有

极轴角设置追踪单选按钮,则将极轴追踪设置应用到对象捕捉追踪。

⑥完成设置后,单击"确定"按钮。

2.3.2 对象捕捉追踪

对象捕捉追踪可以看成对象捕捉和极轴追踪功能的联合应用,即与对象捕捉一起才能使用对象捕捉追踪。必须设置对象捕捉,才能从对象的捕捉点进行追踪。

启用对象捕捉追踪之前,应先启用极轴追踪和自动对象捕捉,并根据绘图需要设置极轴追踪的增量角,设置好对象捕捉的捕捉模式。对象追踪功能有两种方式,在"草图设置"对话框的"极轴追踪"选项卡的对象捕捉设置栏中提供了两种选择:

● ◉仅正交追踪(L):只显示获取对象捕捉点的正交对象捕捉追踪路径。

● ◉用所有极轴角设置追踪(S):绘图时则将极轴追踪设置应用到对象捕捉追踪,使用对象捕捉追踪时,光标将从获取的对象捕捉点起沿极轴对其角度进行追踪。

在绘图过程中,利用<F11>键或单击状态栏上的"对象追踪"按钮,可随时切换对象捕捉追踪的启用与否。对象追踪,常用来画带有角度的直线,这时点完直线的起点后,会出现一个带有角度的虚线,只要按着这条虚线点直线的另一端就是带有你所设置角度的直线。

例如:已知图 2.10 的左图,请用对象捕捉追踪绘制出图 2.10 的右图。

图 2.10

①命令行:line,按回车键。

②移动鼠标捕捉直线右端点。

③捕捉到直线右端点后,按下 Shift 键,再移动鼠标捕捉到圆心。

④单击鼠标右键,绘制直线。

⑤按回车键,完成绘制。

2.3.3 动态输入

在 AutoCAD 系统中,使用动态输入功能可以控制指针位置处的显示信息,即工具栏提示,其功能键是<F12>。"草图设置"对话框的"动态输入"选项卡中提供动态输入的具体参数设置,如图 2.11 所示。

● "指针输入"选项区:用于设置坐标的显示格式和控制何时显示坐标工具栏提示。单击该选项区的"设置"按钮,将弹出"指针输入设置"对话框。用以修改坐标的默认格式和控制何时显示坐标工具栏提示。

● "标注输入"选项区:用于在命令提示输入第二点时控制工具栏提示显示的字段。

● "动态提示"选项区:用于设置工具栏提示的显示模式。

实例:绘制如图 2.12 所示的图形。

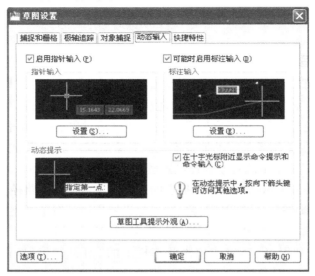

图 2.11　动态输入选项卡

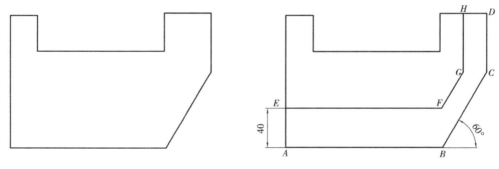

图 2.12　实例图

激活极轴追踪、对象捕捉及自动追踪功能。设置极轴追踪角度增量为 30°,设定对象捕捉方式为端点、交点,设置所有极轴角进行自动追踪。

命令:line 指定第一点:40

//以 A 点为追踪参考点向上追踪,输入追踪距离并按回车键

指定下一点或[放弃(U)]://从 E 点向右追踪,再在 B 点建立追踪参考点以确定 F 点

指定下一点或[放弃(U)]://从 F 点沿 60° 方向追踪,再在 C 点建立参考点以确定 G 点

指定下一点或[放弃(U)]://从 G 点向上追踪并捕捉交点 H

指定下一点或[放弃(U)]://按回车键结束命令

2.4　栅格及间隔捕捉

在人工绘图时,经常将图纸绘制在有栅格的坐标纸上,以提供直观的距离和位置的参照。AutoCAD 系统也提供类似的功能,即栅格和间隔捕捉。

2.4.1 栅格

栅格的显示是绘图区域上的一个个等距离的点，类似于坐标纸中的方格。另外，栅格还显示出了当前图形界限的范围，因为栅格只能显示在图形界限以内。

启动栅格常用下述几种命令：

①下拉菜单："工具"→"草图设置"→"捕捉和栅格"。

②命令行：grid。

③功能键：F7。

在命令行输入 grid 命令后，系统提示如下：

指定删格间距(X)或[开(ON)/关(OFF)/捕捉(S)/主(M)/自适应(D)/界限(L)/跟随(F)/纵横向间距(A)]<10.0000>：

在该提示下输入捕捉间距值，各选项含义如下：

- 开(ON)：打开栅格显示。
- 关(OFF)：关闭栅格显示。
- 捕捉(S)：将栅格间距设置为捕捉间距。
- 纵横向间距(A)：在 x、y 方向上设置不同的栅格间距。

2.4.2 间隔捕捉

间隔捕捉是指设置了捕捉功能以后，光标只能在绘图区上做等距离移动。一次移动的间距称为捕捉分辨率。在下拉菜单"工具"→"草图设置"→"捕捉和栅格"选项卡的"捕捉间距"选项区中对其进行设置。在系统默认的情况下，在 x、y 两个方向上都是 10，如图 2.13 所示。

图 2.13 捕捉间距设置

捕捉分辨率和栅格间距值是两个独立的概念，它们的值可以相等也可以不相等。当两者相等时，指针一次移动一个栅格。

2.5 利用正交工具辅助作图

在 AutoCAD 中，使用正交模式可以平行于事先设定的捕捉方向绘图，与使用画板的直边绘图效果相同。当正交方式打开时，只能在当前 x 轴和 y 轴方向上获取点来绘制图形。如果设置捕捉方向 43°，则只能沿 43°、133°、223°、313°方向绘图。这意味着用户只能绘制、编辑两条轴线上的图形。

打开或关闭正交模式可以采用以下方法。

①命令行：ORTHO

输入模式"开(ON)/关(OFF)"<开>。输入 ON 打开，输入 OFF 关闭。

②状态栏：在状态栏中按下"正交"按钮，为打开状态，反之，则为关闭状态。

③F8：按<F8>键也可以打开或关闭正交模式。

例如:用 LINE 命令并结合极轴追踪、对象捕捉及自动追踪功能将图 2.14 的左图修改为右图。

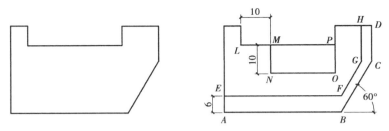

图 2.14　正交工具作图

①激活极轴追踪、对象捕捉及自动追踪功能。设置极轴追踪角度增量为"30",设置对象捕捉方式为"端点""交点",设置沿所有极轴角进行自动追踪。

②输入 LINE 命令,AutoCAD 提示如下:

命令:LINE 指定第一点:6//以 A 点为追踪参考点向上追踪,输入追踪距离并按回车键

指定下一点或[放弃(U)]://从 E 点向右追踪,再在 B 点建立追踪参考点以确定 F 点

指定下一点或[放弃(U)]://从 F 点沿 60°方向追踪,再在 C 点建立参考点以确定 G 点

指定下一点或[闭合(C)/放弃(U)]://从 G 点向上追踪并捕捉交点 H

指定下一点或[闭合(C)/放弃(U)]://按回车键结束命令

命令:LINE 指定第一点:10　//从基点 L 向右追踪,输入追踪距离并按回车键

指定下一点或[放弃(U)]:10　//从 M 点向下追踪,输入追踪距离并按回车键

指定下一点或[放弃(U)]:　//从 N 点向右追踪,再在 P 点建立追踪参考点以确定 O 点

指定下一点或[闭合(C)/放弃(U)]:　//从 O 点向上追踪并捕捉交点 P

指定下一点或[闭合(C)/放弃(U)]:　//按回车键结束命令

2.6　绘制直线及点的确定方法

2.6.1　绘制直线

直线是图形中最常见的实体,其命令是 Line。执行该命令一次可以画一条或多条连续的线段。该命令是用起点和终点来确定直线的,直线的绘制有以下 3 种方法:

①菜单栏:"绘图"→"直线"。

②工具栏:"绘图"→"直线"。

③命令行:Line。

指定第一点后,紧接着出现下面的提示:指定下一点[放弃 U]。提醒用户输入直线的第二点,并且以后会连续出现该提示。除非按回车键或<Esc>键结束命令。

当输入两条以上直线后,系统会提示:指定下一点或[闭合(C)/放弃(U)]。在该提示下输入 c,会使最后一段线的终点与第一段线的起点相连,并结束 Line 命令。

例如:用 Line 命令绘制 2.15 所示图形,步骤如下:

①命令行:line

②指定第一点://在该提示下用鼠标拾取绘图区域任一点 A

③指定下一点或[放弃(U)]:@ 10<0//在该提示下用相对极坐标输入点 B

④指定下一点或[闭合(C)/放弃(U)]:@ 10<315//在该提示下输入点 C

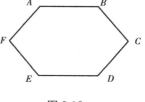
图 2.15

⑤指定下一点或[闭合(C)/放弃(U)]:@ 10<225//在该提示下输入点 D

⑥指定下一点或[闭合(C)/放弃(U)]:@ 10<180//在该提示下输入点 E

⑦指定下一点或[闭合(C)/放弃(U)]:@ 10<135//在该提示下输入点 F

⑧指定下一点或[闭合(C)/放弃(U)]:c//在该提示下输入字母 c 以闭合

2.6.2　点的绘制

点在 AutoCAD 中可以作为实体,具有各种属性。用户可以像绘制直线一样创建点。

①工具栏:"绘图"→"点"。

②菜单栏:"绘图"→"点"。

③命令行:point。

启动 Point 命令后,命令行会出现提示:"指定点:",在该提示下用户可以输入或拾取一点,之后会在该点的位置出现一个点的实体。

点的形状是可以定制的,定制点的形状用以下命令:

● 菜单栏"格式"→"点样式…"。

● 命令行:ddptype。

启动 Ddptype 命令之后,会弹出如图 2.16 所示的"点样式"对话框。该对话框里有 20 种点的形式图案可供选择。

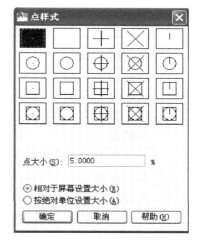
图 2.16　点样式

本章小结

本章主要讲解了图形对象的选择操作技术、对象捕捉、对象追踪、正交模式等知识点,这些知识是精确绘制建筑工程图的基础,要求学生能利用这些知识来熟练地绘制工程图。我们学习了如何使用捕捉、栅格(F7 键)和正交功能以达到快速精确绘图的目的;关于捕捉,我们学习了捕捉的打开方式(F9 键),同时又学习了绘图时如何使用自动追踪工具(极轴追踪、对象捕捉追踪)。

习题与实训

一、填空题

1.按( )键可启用和关闭正交功能,按( )键可启用和关闭对象捕捉功能。

2.窗选方式分为( )和( )两种模式。其中( )要求"从左到右"定义选择窗口的两个对焦点,( )要求"从右到左"定义窗口的两个对角点。

3.AutoCAD 2010 提供了两种捕捉类型供公户选择( )和( )。

4.AutoCAD 2010 中使用( )是可以使用标注输入。

5.用户可通过( )方式设置捕捉方式。

二、选择题

1.在 AutoCAD 中,栅格的开启或关闭可按( )键。

A.F7   B.F9   C.F2   D.F12

2.在指定点的提示下,可通过输入所需捕捉模式的关键词选择捕捉模式,其中切点捕捉的关键词为( )。

A.mid   B.end   C.tan   D.cen

3.若要快速绘制水平或垂直的直线,可通过状态栏中的( )功能辅助绘图。

A.捕捉   B.对象追踪   C.栅格   D.正交

4.下列关于使用窗选交叉方式选择对象的说法中,哪种不正确?( )。

A.以窗选交叉方式选择对象时,被完全框选的对象可以被选中

B.以窗选交叉方式选择对象时,与框选区域相交的图形可以被选中

C.窗选交叉方式与窗选方式的操作方法是完全一样的

D.以窗选交叉方式选择对象时,需要在"选择对象:"提示信息后输入"c"

5.使用对象捕捉工具可以捕捉到( )选项。

A.圆心   B.中点   C.端点   D.象限点

第3章

图层的应用与管理

【知识提要】

图层是用来组织图形有效的工具之一。在 AutoCAD 绘图中,图形对象通常可以绘制在不同的图层中,并通过"图层特性管理器"对话框对图层进行管理与控制。本章主要介绍图层的概念、作用与管理。

【学习目标】

①理解图层的基本概念。

②掌握设置图层的方法及建筑施工图中常见图层的设置。

③能熟练对图层的进行管理和控制操作。

3.1 图层的概念与作用

3.1.1 图层的概念

在传统手工绘图过程中,通常是将所有的内容绘制在一张纸上,这样不便于管理各种相同类型的图形元素,而在 AutoCAD 中,则可以通过图层将相同类型的图形元素放在同一个图层上。那什么是图层呢? 图层就相当于一张透明的电子图纸,用户把各种相同的图形元素放在各个层上,各层之间完全对齐,AutoCAD 把各层透明纸重叠并显示出来,用户通过对各图层的控制和管理来管理层上的对象。

3.1.2 图层的作用

在 AutoCAD 中,所有图层对象都具有图层名、颜色、线性和线宽 4 个基本属性。图层用于按功能在图形中组织信息及执行线型、颜色及其他标准,是用户组织和管理图形的强有力工具。在 AutoCAD 中,默认的图层是 0 图层,在没有设置和选择图层之前,AutoCAD 自动将图形对象绘制到 0 图层上。

3.2 创建和管理图层

3.2.1 创建图层

在 AutoCAD 中,创建图层是通过"图层特性管理器"来实现的,创建图层常用以下 3 种方法:

①菜单栏:"格式"→"图层"。

②工具栏:"图层"工具栏→"图层"按钮。

③命令行:在命令提示行中执行 LAYER 命令并按回车键,LAYER 简写 La。

执行以上 3 种方法都能打开如图 3.1 所示的"图层特性管理器"对话框。

图 3.1 图层特性管理器

在"图层特性管理器"中，单击"新建图层" 按钮。每新建一个文件，系统都会自带一个图层即 0 图层。0 图层是 AutoCAD 默认的图层，因此 0 图层不能重命名。新建的其他图层都由用户自己定义。自定义定义图层名的原则是"见名知意"，如"轴网""墙体""门窗"等。

3.2.2　管理图层

（1）删除图层

在绘图过程中，要把多余的图层进行删除。在"图层特性管理器"对话框中，通常有以下两种方法删除图层：

①单击删除按钮 ，进行删除。

②"Alt+D"快捷键。

> **特别提示**
>
> 在删除图层时，0 图层和 Defpoints、当前图层、依赖外部参照的图层和包含对象的图层不能被删除。当在删除以上图层时，会弹出一个对话框如图 3.2 所示。

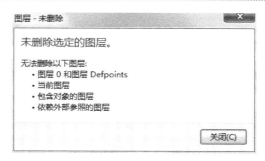

图 3.2　删除图层

（2）重命名图层

为了便于区分各个图层的名称，需要对图层进行重新命名。如图 3.3 所示，新建"图层1"重命名为"建筑-轴网"。

①选择"图层 1"。

②单击名称项将其选中，再单击鼠标左键，在文本框中输入新的图层名为"建筑-轴网"即可。

（3）隐藏 ／显示 图层

在 AutoCAD 中，用户可以根据自己的需求自由控制图层的显示和隐藏状态。通过控制图层的隐藏和显示状态，从而达到控制图层的目的。

①隐藏图层。显示图层与隐藏的方法一样，常用的方法有以下两种：

a.在"图层特性管理器"的对话框中单击 按钮。

b.在"图层"工具栏中单击 按钮。

隐藏图层后，层上的对象不能在屏幕上显示，也不能在绘图仪或打印机上输出。

如图 3.4 所示，隐藏文件中的"门窗"图层。

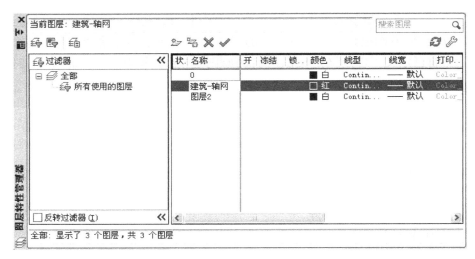

图 3.3　重命名图层

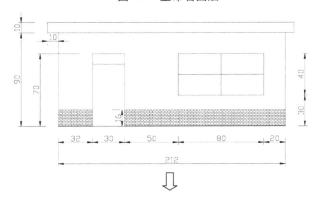

图 3.4　隐藏图层

②显示图层。显示图层的常用方法通常有以下两种：

a.在"图层特性管理器"的对话框中单击 💡（开/关图层）按钮。

b.在"图层"工具栏中单击 💡 按钮。

（4）冻结 ❄ / 解冻 ☀

①冻结图层。冻结与解冻的方法相同，常用的方法通常有以下两种：

a.在"图层特性管理器"的对话框中单击 ❄ 按钮。

b.在"图层"工具栏中单击 ❄ 按钮。

冻结后的图层在屏幕上无法显示出来，不能参与图形间的运算。

②解冻图层。解冻图层的常用方法通常有以下两种：

a.在"图层特性管理器"的对话框中单击 ☀ 按钮。

b.在"图层"工具栏中单击 ☀ 按钮。

（5）锁定 🔒 / 解锁 🔓

①锁定图层。锁定与解锁的方法相同，常用的方法通常有以下两种：

a.在"图层特性管理器"的对话框中单击 🔒 按钮。

b.在"图层"工具栏中单击 🔒 按钮。

②解锁图层。解锁图层的常用方法通常有以下两种：

a.在"图层特性管理器"的对话框中单击 🔓 按钮。

b.在"图层"工具栏中单击 🔓 按钮。

被锁定的图层仍然显示在图层上，可以绘制新的对象，层对象参与打印输出。但不能进行修改编辑，如删除、移动等。锁定图层可以降低意外修改对象的可能性。

（6）图层的颜色

在"图层特性管理器"对话框中，为了便于区别各图层之间的层次关系，可以将不同功能和用途的图层设为不同的颜色，这样便于管理和维护各层的图形文件。更改方法如下：

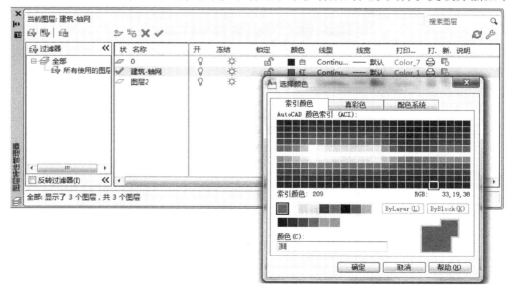

图 3.5 设置图层颜色

在"图层特性管理器"对话框中选中图层。如图 3.5 所示,单击颜色选项卡下的颜色按钮,选中颜色,单击"确定"按钮即可。

(7)图层的线型

图层线型是指图层上绘图时所用的线型,根据绘图的不同要求可对象可加载不同的线型。在"图层特性管理器"对话框中,默认的线型为实线(Countinuous)。单击"Countinuous"选项,如图 3.6 所示,通过该对话框用户可以选择一种线型或从线型库中加载更多需要的线型。

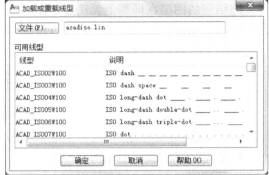

图 3.6　图层线型

(8)设置线宽

在绘制不同的建筑图形对象时,要求选择不同的线宽,方法如下所述。

①在"图层特性管理器"对话框中选中图层。

②单击"线宽"列中的"—— 默认"图标,弹出"线宽"对话框,如图 3.7 所示,通过此对话框可设置线宽。

图 3.7　图层线宽

3.2.3 图层管理的高级功能

（1）排序图层

在图层中，可对层中的名称、开关、锁定、线型和线宽等属性进行排序，排序分为升序和降序，单击"图层特性管理器"中的任意属性的名称（如名称、冻结、颜色、线宽等）即可排序。▲表示升序，▼表示降序。

如图3.8所示，对图层名称进行降序排列。

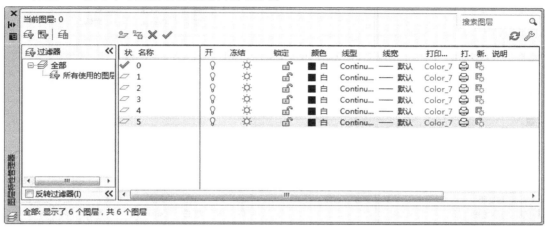

图3.8 排序图层

（2）按名称搜索图层

在"图层特性管理器"中，可以通过搜索的方式找到指定的图层。

如图3.9所示，搜索出中图层名为"2"的图层。

（3）使用图层特性过滤器

在"图层特性管理器"中，一旦命名并定义了图层过滤器，就可以在左边的树状图中选择定义好的过滤器，从而达到过滤的作用。如图3.10所示，过滤图层名为"s"开头的所有层。

（4）使用图层组过滤器

图层组过滤器包括在定义时放入过滤器的图层，而不考虑其名称与特性。创建的方法有下述两种：

①在"图层特性管理器"中，使用<Alt+G>快捷键命令。

②在"图层特性管理器"中，单击按钮。

如图3.11所示，创建一个图层组过滤器1。

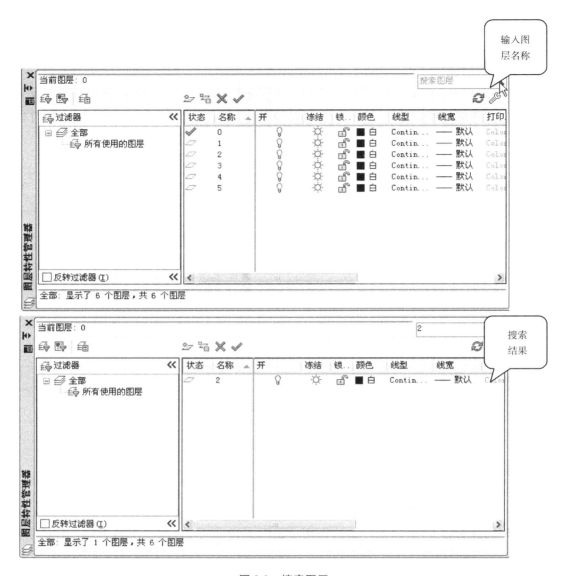

图 3.9　搜索图层

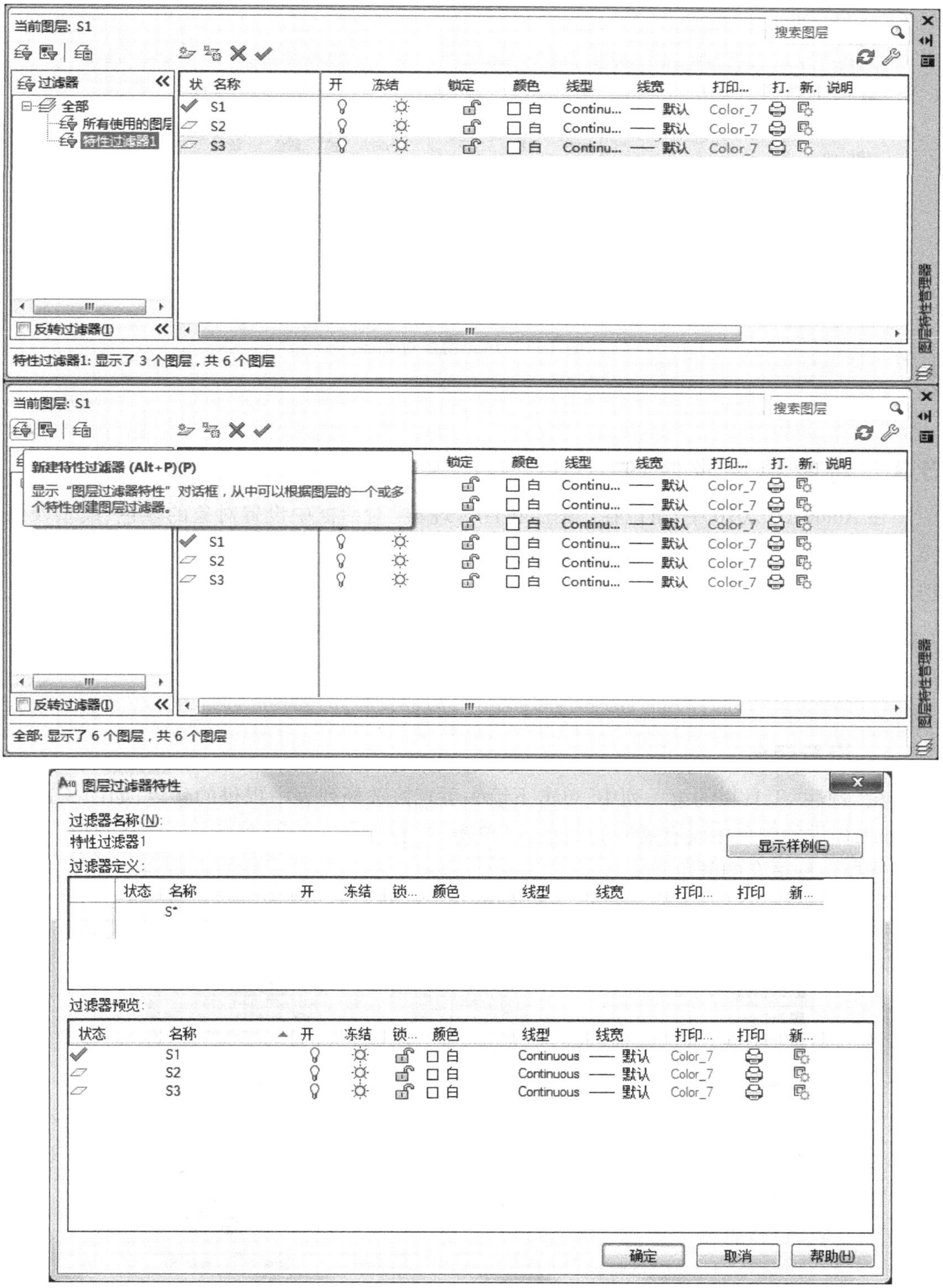

图 3.10　图层特性过滤器

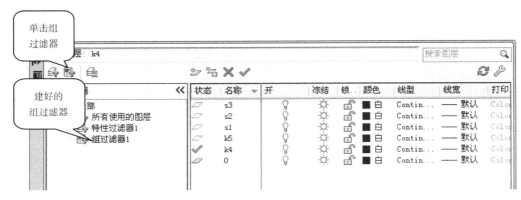

图 3.11　创建图层过滤器

3.3　对象特性及修改

在 AutoCAD 2010 中,可以在"图层特性管理器"对话框中设置对象的颜色、线型及线宽等属性,还可以在"特性"工具栏中快速设置对象的颜色、线型及线宽等属性,如图 3.12 所示。

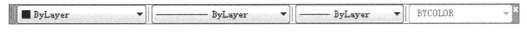

图 3.12　特性工具栏

3.3.1　设置颜色

在"特性"工具栏的第一列中,单击下箭头可直接选择列表中提供的颜色,如图 3.13 所示,如果提供的颜色中没有需要的颜色,可单击"选择颜色"命令,然后在"选择颜色"对话框中选择一种适合的颜色。

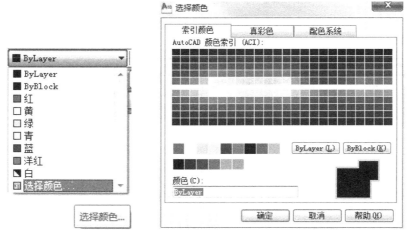

图 3.13　设置对象颜色

3.3.2　设置线型

在"特性"工具栏的第 2 列中,单击下箭头可直接选择列表中提供的线型,如图 3.14 所示。如果提供的线型中没有需要的线型,可单击"其他"命令,然后在"其他"对话框中加载一种线型,如图 3.15 所示。

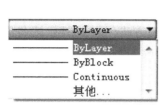

图 3.14　设置对象线型　　　　　　　　　　　图 3.15　加载线型

3.3.3　设置线宽

在"特性"工具栏的第 3 列中,单击下箭头可直接选择列表中提供的线宽,如图 3.16 所示。

3.3.4　对象特性匹配

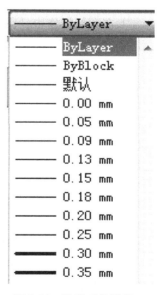

对象特性匹配从字面上讲,就是将选定对象的特性应用到其他对象,使用"Matchprop(特性匹配)"命令就可以完成对象之间的特性匹配操作,对象特性匹配可以完成"颜色、图层、线型、线型比例、线宽、厚度、打印样式、标注、文字、填充图案、多段线、视口、表格材质、阴影显示、多重引线"等特性的匹配,调用"Matchprop(特性匹配)"命令的方法有以下 3 种:

①菜单栏:单击"修改"→"特性匹配"。

②工具栏:在"标准"工具栏中单击 按钮 。

③命令行:在命令提示行中输入"Matchprop(特性匹配)"命令并按回车键(Matchprop 简写为 Ma)。

图 3.16　设置对象线宽

如图 3.17 所示,将直线的特性匹配成点画线。

图 3.17　特性匹配

命令：ma MATCHPROP

选择源对象：//选择点画线

当前活动设置:颜色 图层 线型 线型比例 线宽 厚度 打印样式 标注 文字 填充图案 多段线 视口 表格材质 阴影显示 多重引线

选择目标对象或［设置(S)］：// 选择直线

选择目标对象或［设置(S)］：//按回车键确定

本章小结

通过本章的学习,要求了解图层的概念、作用及原理;掌握图层的基本操作(建立图层及新建图层)、图层的基本管理方法(图层的重命名、隐藏/显示图层、锁定/解锁图层、更改图层颜色、设置分配线型、设置线宽、删除图层)、图层的高级管理方法(排序图层、按名称搜索图层、使用图层特性过滤器、使用图层组过滤器);掌握快速改变对象特性工具栏"特性"及"对象特性匹配"的使用方法。

习题与实训

一、填空题

1.在图层操作中,所有图层均可以冻结,只有(　　　　　)无法冻结。

2.使用"图层特性管理器"对话框可以实现的功能是(　　　　　　　　　　)、
(　　　　　)、(　　　　　)。

3.图层可以被(　　　　　)、(　　　　　)、(　　　　　)。

4.被冻结图层的图层具有(　　　　　)的特性。

5.创建图层的命令是(　　　　　)。

二、选择题

1.创建图层的快捷命令是(　　　)。

　A.XL　　　　　　　　　B.LA　　　　　　　　　C.EL　　　　　　　　　D.TR

2.在 AutoCAD 中,被锁定的层(　　　)。

　A.不显示本层图形　　　　　　　　　B.不可修改本层图形

　C.不能画新的对象　　　　　　　　　D.以上全不能

3.以下不属于图层设置的范围是(　　　)。

　A.颜色　　　　　　　　B.线型　　　　　　　　C.线宽　　　　　　　　D.过滤器

4.图层被锁定,但可以(　　　)。

　A.把该层设置为当前层　　　　　　　B.在锁定的层上创建对象

　C.删除层上的对象　　　　　　　　　D.输出被锁定层的图形

5.在 AutoCAD 中,0 图层不能被(　　　)。

A 打开与关闭   B.锁定与解锁

C.冻结与解冻   D.修改名称

6.在"图层特性管理器"中,层操作正确的(　　　)。

A.已冻结的层可以重置为当前层

B.被锁定的层上的图形既可被编辑,也可以改变其线型、颜色

C.图层名中可以包含任何字符

D.隐藏图层后能继续绘制对象

7.在图层中设置了线宽,但显示不出来,以下操作正确的是(　　　)。

A.重画   B.重生成

C.打开状态栏上的线宽按钮   D.打开层上的可见开关

8.在 AutoCAD 中,不能被删除的图层是(　　　)。

A.0 图层   B.墙体层

C.门窗层   D.都可以删除

9.在 AutoCAD 中不能被冻结的图层是(　　　)。

A.0 图层   B.墙体层

C.门窗层   D.当前层

10.在 AutoCAD 中,不可以为图层指定什么特性(　　　)。

A.颜色   B.线型

C.打印与不打印   D.透明与不透明

三、实训绘图

创建如图 3.18 所示图层,并设置相应图层的名称、颜色、线型及线宽。

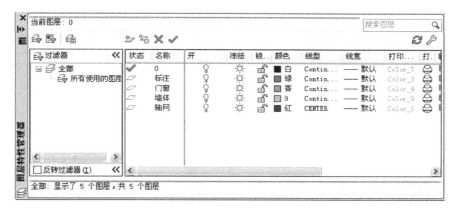

图 3.18 创建图层

四、思考题

什么是图层?为什么要设置图层?

第4章

常用绘图命令

【知识提要】

常用绘图命令:直线 Line、点 Point、矩形 Rectang、圆 Circle、圆弧 Arc、椭圆 Ellipse、多边形 Polygon、多段线 Pline、多线 Mline 等是 AutoCAD 中主要的组成部分之一,只有熟练掌握了常用绘图命令的使用,才能自如地绘制各种建筑图形,从而提高 CAD 的绘图效率。

【教学目标】

①掌握常用绘制命令:直线 Line、点 Point、矩形 Rectang、圆 Circle、圆弧 Arc、椭圆 Ellipse 及多边形 Polygon 等基本绘图命令的使用方法。

②熟练掌握多段线 Pline 命令的使用,能够运用多段线 Pline 命令绘制直线段和弧线段相连接的线,绘制有宽度的线。

③熟练掌握多线 Mline 命令及多线样式 Mlstyle 的设置的方法,如墙体的多线样式设置、窗子多线样式的设置等。

④熟练掌握块的特点、块的分类、块的创建、块的属性定义、使用块的属性、编辑属性定义和编辑块属性的方法。

4.1　直线与点的绘制

4.1.1　绘制直线

直线是基本的绘图元素之一。在 AutoCAD 2010 中，使用"Line(直线)"命令就可以绘制直线段，调用 Line(直线)命令的常用方法有以下 3 种：

①菜单栏：单击"绘图"→"直线"命令。

②工具栏：单击"绘图"工具栏中✐按钮 。

③命令行：在命令提示行中输入"Line(直线)"命令并回车，Line 简写为 L。

（1）坐标输入法绘制直线

可以先确定两个坐标点，然后将两个点连接起来，从而来绘制一条直线，如图 4.1 所示。

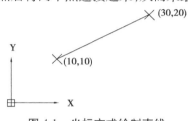

图 4.1　坐标方式绘制直线

（2）使用对象捕捉模式来精确绘制

如图 4.2 所示，通过中点精确绘制直线。

①先打开"草图设置"对话框如图 4.3 所示，在"对象捕捉"选项卡中，将"中点"勾选，然后单击"确定"按钮。

②输入直线命令，捕捉直线的中点绘制另外一根直线。

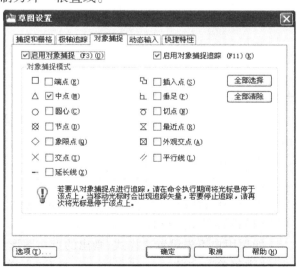

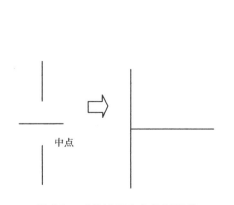

图 4.2　对象捕捉中点绘制直线　　　　　　　　图 4.3　草图设置对话框

（3）利用"正交"模式绘制直线

利用状态栏中的"正交"按钮或按<F8>键启用正交，启用正交模式后，绘制的直线只能是水平或垂直方向的线，如图 4.4 所示。

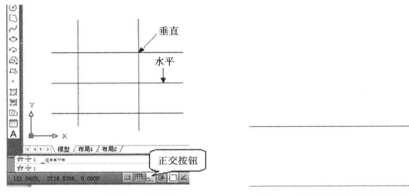

图 4.4　正交模式绘制直线　　　　图 4.5　偏移法产生新的直线

（4）采用偏移法生成新的直线

如图 4.5 所示，绘制长度为 200 mm 的直线偏移 50 mm 产生新的直线。

命令：L LINE 指定第一点：

指定下一点或［放弃（U）］：200

指定下一点或［放弃（U）］：

命令：o OFFSET

当前设置：删除源＝否　图层＝源　OFFSETGAPTYPE＝0

指定偏移距离或［通过（T）/删除（E）/图层（L）］<通过>：　50　//输入偏移距离

选择要偏移的对象，或［退出（E）/放弃（U）］<退出>：　　　　　//选择绘制的直线

指定要偏移的那一侧上的点，或［退出（E）/多个（M）/放弃（U）］<退出>：//指定偏移方向

选择要偏移的对象，或［退出（E）/放弃（U）］<退出>：　　　　　//回车确定

4.1.2　点

点也是基本的绘图元素之一。在 AutoCAD 2010 中，使用"Point（点）"命令就可以绘制出点。调用点命令的方法常用有如下 3 种：

①菜单栏：单击"绘图"→"点"命令。

②工具栏：单击"绘图"工具栏中·按钮　。

③命令行：在命令提示行中输入"Point（点）"命令并按回车键，Point 简写为 Po。

（1）设置显示点样式

如果用户不先设置点样式，画出的点在图形中可能无法显示出来。

"主菜单"→"格式"→"点样式"：打开"点样式"对话框，如图 4.6 所示。

（2）绘制单点

"绘图"→"点"→"单点"：只要单击一次即可绘制一个点。

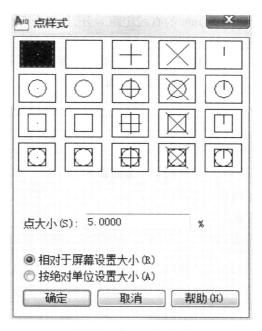

图 4.6　点样式对话框

（3）绘制多点

"绘图"→"点"→"多点"：单击一次即可绘制一个点，单击两次绘制两个点，单击多次绘制多个点。

（4）定数等分点

定数等分可以对一个对象进行数量的等分。

● 菜单栏："绘图"→"点"→"定数等分"。

● 命令行：在命令提示栏输入命令"Divide"，Divide 简写为 Div。

如图 4.7 所示，将长度为 100 mm 的直线等分为 5 等份。

图 4.7　定数等分

①命令：L LINE 指定第一点：　　//指定起点

指定下一点或［放弃（U）］：100　　//输入长度确定端点

指定下一点或［放弃（U）］：　　　//按回车键确定

②"主菜单"→"格式"→"点样式"：指定点的显示样式

③命令：div DIVIDE

选择要定数等分的对象：　　　　//选择直线

输入线段数目或［块（B）］：5　　//输入等分数量并按回车键确定

（5）定距等分点

定数等分是对一个对象按距离进行等分。

● 菜单栏："绘图"→"点"→"定距等分"。

● 命令行：在命令提示栏输入命令"MEASURE"，MEASURE 简写为 Me。

如图4.8所示,将长度为100 mm的直线定距等分,长度为50 mm。

①命令:L LINE 指定第一点://指定起点

指定下一点或［放弃(U)］:100//输入长度指定端点

指定下一点或［放弃(U)］: //按回车键确定

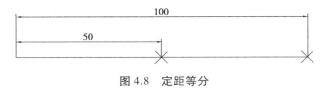

图4.8 定距等分

②命令:Me MEASURE

选择要定距等分的对象: //选择直线

指定线段长度或［块(B)］:50 //输入等分线段长度并按回车键确定

4.2 圆和圆弧

4.2.1 圆的绘制

圆形也是基本、常用的绘图元素之一。在AutoCAD 2010中,使用"Circle(圆形)"命令就可以绘制圆形,绘制"Circle(圆形)"命令常用方法有下述3种:

①菜单栏:单击"绘图"→"圆"命令。

②工具栏:单击"绘图"工具栏中的⊘按钮 。

③命 令 行:在 命 令 提 示 行 中 输 入 "Circle
(圆)"命令并回车,Circle简写为C。

(1)"圆心、半径""圆心、直径"法

如图4.9所示,分别绘制半径为50 mm的圆
和直径为100的圆。

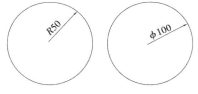

图4.9 半径画圆和直径画圆

①命令:c CIRCLE 指定圆的圆心或［三点(3P)/两点(2P)/相切、相切、半径
(T)］://指定圆心

指定圆的半径或［直径(D)］:50 //输入圆的半径值并按回车键确定

②命令:c CIRCLE 指定圆的圆心或［三点(3P)/两点(2P)/相切、相切、半径
(T)］://指定圆心

指定圆的半径或［直径(D)］:d 指定圆的直径:100 //输入圆的直径并按回车键确定

(2)"2P"画圆和"3P"画圆法(3P不在同一直线上)

如图4.10所示,分别进行2P(2P画圆中1P到2P的距离就是这个圆的直径)画圆和
3P画圆。

①命令:c CIRCLE 指定圆的圆心或［三点(3P)/两点(2P)/相切、相切、半径(T)］:
2p //指定圆直径的第一个端点:

指定圆直径的第二个端点: //指定第二点

②命令:c CIRCLE 指定圆的圆心或［三点(3P)/两点(2P)/相切、相切、半径(T)］:

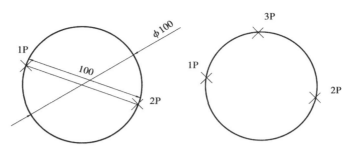

图 4.10　2P 画圆和 3P 画圆

3p //指定圆上的第一个点：

指定圆上的第二个点： //指定第二点

指定圆上的第三个点： //指定第三点后按回车键确定

（3）"相切、相切、半径""相切、相切、相切"画圆法

如图 4.13 所示，分别进行"相切、相切、半径"和"相切、相切、相切"画圆。

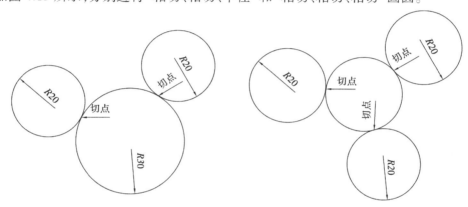

图 4.11　"相切、相切、半径""相切、相切、相切"画圆

①相切、相切、半径画圆。

a.先绘制两个半径分别为 20 mm 的圆。

b.命令：c CIRCLE 指定圆的圆心或［三点(3P)/两点(2P)/相切、相切、半径(T)］:T

指定对象与圆的第一个切点： //捕捉第一切点

指定对象与圆的第二个切点： //捕捉第二切点

指定圆的半径 <39.3027>：30 //输入半径值并按回车键确定

②相切、相切、相切画圆。

a.先绘制三个半径分别为 20 mm 的圆。

b.命令：CIRCLE 指定圆的圆心或［三点(3P)/两点(2P)/相切、相切、半径(T)］：3p

指定圆上的第一个点：_tan 到 //捕捉第一个切点

指定圆上的第二个点：_tan 到 //捕捉第二个切点

指定圆上的第三个点：_tan 到 //捕捉第三个切点

4.2.2 圆弧的绘制

圆弧也是常用的基本图形元素之一。在 AutoCAD 2010 中,提供了至少 11 种绘制圆弧的方法。在"绘图"主菜单的下拉式菜单中,用户可以根据不同的条件选择适合的绘制圆弧的方法。调用 ARC(圆弧)命令常用的有下述 3 种方法:

①菜单栏:单击"绘图"→"圆弧"→"三点(或起点、圆心、端点)"等命令。

②工具栏:单击"绘图"工具栏中 ⌒ 按钮 。

③命令行:在命令提示行中输入"A(圆弧)"命令并按回车键,Arc 简写为 A。

(1)"3 点(P)"和"圆心、起点、端点"画圆弧法

如图 4.12 所示,运用"3 点(P)"和"圆心、起点、端点"分别绘制一段圆弧。

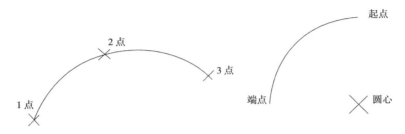

图 4.12 "3 点(P)"和"圆心、起点、端点"画圆弧

①3 点(P)画圆弧。

命令:a ARC 指定圆弧的起点或[圆心(C)]:　　　//指定第一点

指定圆弧的第二个点或[圆心(C)/端点(E)]:　　//指定第二点

指定圆弧的端点:　　　　　　　　　　　　　　//指定第三点

②"圆心、起点、端点"画圆弧。

命令:a ARC 指定圆弧的起点或[圆心(C)]:c 指定圆弧的圆心:

指定圆弧的起点:

指定圆弧的端点或[角度(A)/弦长(L)]:

(2)"圆心、起点、角度"和"圆心、起点、长度"画圆弧法

例 4.13 所示,运用"圆心、起点、角度"绘制角度为 120°的圆弧和"圆心、起点、长度"法绘制一段玄长为 1 500 cm 的圆弧。

①"圆心、起点、角度"画圆弧。

命令:a ARC 指定圆弧的起点或[圆心(C)]:c 指定圆弧的圆心:

指定圆弧的起点:

指定圆弧的端点或[角度(A)/弦长(L)]:a 指定包含角:120

②"圆心、起点、长度"画圆弧。

命令:a ARC 指定圆弧的起点或[圆心(C)]:c 指定圆弧的圆心:

指定圆弧的起点:

指定圆弧的端点或[角度(A)/弦长(L)]:l 指定弦长:1 500

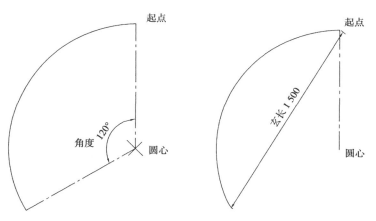

图 4.13 "圆心、起点、角度"和"圆心、起点、长度"画圆弧

4.3 矩形和正多边形

4.3.1 矩形

矩形也是基本、常用的图形元素之一。在 AutoCAD 2010 中,使用"Rectang(矩形)"命令就可以绘制矩形,调用"Rectang(矩形)"命令的常用方法有以下 3 种:

①菜单栏:单击"绘图"→"矩形"命令。

②工具栏:单击"绘图"工具栏中 按钮 。

③命令行:在命令提示行中输入"Rectang(矩形)"命令并按回车键,Rectang 简写为 Rec。

(1)"倒角(C)"矩形

如图 4.14 所示,绘制如下倒角矩形。

命令:REC RECTANG

指定第一个角点或 [倒角(C)/标高(E)/圆角(F)/厚度(T)/宽度(W)]:c //选择绘制方式

指定矩形的第一个倒角距离 <0.0000>:15

指定矩形的第二个倒角距离 <30.0000>:15

指定第一个角点或 [倒角(C)/标高(E)/圆角(F)/厚度(T)/宽度(W)]: //任意位置指定一点

指定另一个角点或 [面积(A)/尺寸(D)/旋转(R)]: @80,80

(2)"圆角(F)"矩形

例 4.15 所示,绘制如下圆角矩形。

命令:REC RECTANG

指定第一个角点或 [倒角(C)/标高(E)/圆角(F)/厚度(T)/宽度(W)]:F
//选择绘制方式

指定矩形的圆角半径 <0.0000>:30

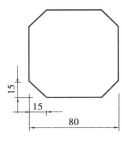

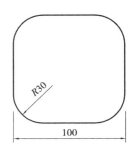

图 4.14 "倒角(C)"矩形　　　　　　　图 4.15 "倒圆角(F)"矩形

指定第一个角点或［倒角(C)/标高(E)/圆角(F)/厚度(T)/宽度(W)］:　　　　//任意位置指定一点

指定另一个角点或［面积(A)/尺寸(D)/旋转(R)］:@100,100

(3)"厚度(T)"矩形

如图 4.16 所示,绘制长宽均为 100 mm,厚度为 30 mm 的矩形(在西南等轴测视图中观察)。

命令:REC RECTANG

指定第一个角点或［倒角(C)/标高(E)/圆角(F)/厚度(T)/宽度(W)］:T

指定矩形的厚度 <0.0000>:30

指定第一个角点或［倒角(C)/标高(E)/圆角(F)/厚度(T)/宽度(W)］:任意位置指定一点

指定另一个角点或［面积(A)/尺寸(D)/旋转(R)］:@100,100

(4)"宽度(T)"矩形

如图 4.17 所示,绘制长宽均为 100 mm,宽度为 50 mm 的矩形(在西南等轴测视图中观察)。

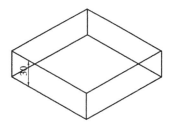

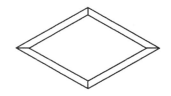

图 4.16 "厚度(T)"矩形　　　　　　图 4.17 宽度(T)矩形

命令:REC RECTANG

指定第一个角点或［倒角(C)/标高(E)/圆角(F)/厚度(T)/宽度(W)］:w

指定矩形的线宽 <0.0000>:10

指定第一个角点或［倒角(C)/标高(E)/圆角(F)/厚度(T)/宽度(W)］:任意位置指定一点

指定另一个角点或［面积(A)/尺寸(D)/旋转(R)］:@100,100

4.3.2 画正多边形

在 AutoCAD 2010 中,使用 Polygon 命令就可以绘制多边形,多边形命令可以绘制 3~1024 个边的多边形。在多边形命令下方包含了内接于圆、外切于圆和边长等多种多边形的绘制方式。调用 Polygon(多边形)命令常有以下 3 种方法:

①菜单栏:单击"绘图"→"多边形"命令。

②工具栏:单击"绘图"工具栏中 ⬠ 按钮 。

③命令行:在命令提示行中输入"Polygon(多边形)"命令并按回车键,Polygon 简写为 POL。

(1)绘制"内接于圆"和"外切于圆"的正多边形

如图 4.18 所示,运用"内接于圆"和"外切于圆"方法绘制一个半径为 200 mm 的六边形。

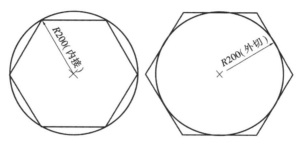

图 4.18 "内接于圆(I)"和"外切于圆(C)"的多边形

①内接于圆。

命令:POL POLYGON 输入边的数目 <4>: 6   //输入边数 6

指定正多边形的中心点或[边(E)]:   //任意指定位置作为中心点

输入选项[内接于圆(I)/外切于圆(C)]<I>:   //选择内接于圆

指定圆的半径:200   //输入半径值 200

②外切于圆。

命令:POL   回车确定   //输入多边形命令并按回车键确定

命令:POL POLYGON 输入边的数目 <6>:   //输入多边形的边数

指定正多边形的中心点或[边(E)]:   //指定任意一点作为中心点

输入选项[内接于圆(I)/外切于圆(C)]<I>:c   //选择外切于圆

指定圆的半径:200   //输入半径值 200

(2)通过确定边长的正多边形

如图 4.19 所示,运用"边长"方法绘制一个边长为 200 mm 的六边形。

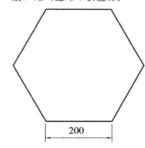

图 4.19 "边长(E)"绘制的多边形

命令：POL POLYGON 输入边的数目： 6   //指定多边形边数
指定正多边形的中心点或［边（E）］： e 指定边的第一个端点：指定边的第二个端
点：200   //输入边长值并按回车键
                                        确定

4.4 画椭圆和椭圆弧

4.4.1 椭圆

椭圆实际上是一种特殊的圆,也是基本图形元素之一。在 AutoCAD 2010 中,在椭圆命令下方包含了两种绘制椭圆的方法［"轴、端点"法（默认）和"中心点"法］。调用"Ellipse（椭圆）"命令常有以下 3 种：
①菜单栏:单击"绘图"→"椭圆"命令。
②工具栏:单击"绘图"工具栏中 ⬭ 按钮。
③命令行:在命令提示行中输入"Ellipse（圆弧）"命令并按回车键,Ellipse 简写为 El。
（1）"轴、端点"法
如图 4.20 所示,运用"轴、端点"法绘制一个长半轴为 1000 mm,短半轴为 300 mm 的椭圆。

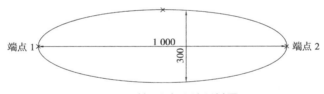

图 4.20 轴、端点法绘制椭圆

命令：EL ELLIPSE
指定椭圆的轴端点或［圆弧（A）/中心点（C）］：   //指定端点 1
指定轴的另一个端点：1000   //通过输入距离来指定端点 2
指定另一条半轴长度或［旋转（R）］：150   //输入短半轴一半的长度
（2）"中心点"法
如图 4.21 所示,运用"中心点"法绘制一个长半轴为 1000 mm,短半轴为 300 mm 的椭圆。

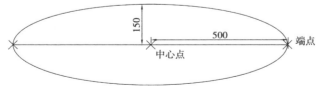

图 4.21 中心点法绘制椭圆

命令：EL ELLIPSE
指定椭圆的轴端点或［圆弧（A）/中心点（C）］：c   //选择绘制方式

指定椭圆的中心点：   //指定中心点

指定轴的端点：500   //输入长半轴一半的长度

指定另一条半轴长度或［旋转（R）］：150   //输入短半轴一半的长度

4.4.2　椭圆弧

绘制椭圆弧是在已绘制的椭圆中取一段圆弧。在 AutoCAD 2010 中，在椭圆命令下方包含了 2 种绘制椭圆弧的方法（"轴、端点"法和"中心点"法）。绘制椭圆弧有以下 2 种方法：

（1）"轴、端点"法

如图 4.22 所示，用"轴、端点"法在长半轴为 1000 mm，短半轴为 300 cm 的椭圆中取一段椭圆弧。

图 4.22　轴、端点法绘制椭圆弧

命令：EL ELLIPSE

指定椭圆的轴端点或［圆弧（A）/中心点（C）］：a

指定椭圆弧的轴端点或［中心点（C）］：   //确定椭圆长轴的一个端点

指定轴的另一个端点：<正交 开> 1000   //确定椭圆长轴的一个端点

指定另一条半轴长度或［旋转（R）］：150   //确定椭圆短轴的长度

指定起始角度或［参数（P）］：0   //输入起始角度

指定终止角度或［参数（P）/包含角度（I）］：90 //输入终止角度

（2）"中心点"法

例 4.23　用"中心点"法在长半轴为 1000 mm，短半轴为 300 mm 的椭圆中取一段椭圆弧。

图 4.23　中心点法绘制椭圆弧

命令：EL ELLIPSE

指定椭圆的轴端点或［圆弧（A）/中心点（C）］：a   //选择绘制椭圆弧

指定椭圆弧的轴端点或［中心点（C）］：c   //选择绘制椭圆弧的方式

指定椭圆弧的中心点：   //指定椭圆的中心点

指定轴的端点：500   //输入长半轴一半的长度

指定另一条半轴长度或［旋转（R）］：150   //输入短半轴一半的长度

指定起始角度或［参数（P）］：0   //输入起始角度

指定终止角度或［参数（P）/包含角度（I）］：90　　//输入终止角度

4.5　画多段线和多线

4.5.1　多段线

在 AutoCAD 2010 中，多段线是作为独立对象创建的相互连接的序列线段，使用多段线既可以创建直线段、弧线段或两者相结合的线段，还可以创建有宽度的线段。创建多段线后，可以使用"分解（Explode）"（详见 5.11 中）命令转换成单独的直线或者圆弧，使用"Pedit"命令将直线段等单独的线段转换成多段线。多段线不仅在绘制平面图中应用较多，而三维造型中应用也比较广泛。调用"Pline（多段线）"命令常用有以下 3 种方法：

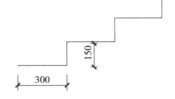

图 4.24　绘制开放的多段线

①菜单栏：单击"绘图"→"多段线"命令。

②工具栏：单击"绘图"工具栏中↪按钮。

③命令行：在命令提示行中输入"Pline（多段线）"命令并按回车键（PLINE 简写为 Pl）。

（1）绘制开放多段线

如图 4.24 所示，运用多段线绘制楼梯。

命令：PL PLINE

指定起点：　　　　　　　　　　//指定起点

当前线宽为 0.0000

指定下一个点或［圆弧（A）/半宽（H）/长度（L）/放弃（U）/宽度（W）］：300

//向右 300

指定下一点或［圆弧（A）/闭合（C）/半宽（H）/长度（L）/放弃（U）/宽度（W）］：150

//向上 150

指定下一点或［圆弧（A）/闭合（C）/半宽（H）/长度（L）/放弃（U）/宽度（W）］：300

//向右 300

指定下一点或［圆弧（A）/闭合（C）/半宽（H）/长度（L）/放弃（U）/宽度（W）］：150

//向上 150

指定下一点或［圆弧（A）/闭合（C）/半宽（H）/长度（L）/放弃（U）/宽度（W）］：300

//向右 300

指定下一点或［圆弧（A）/闭合（C）/半宽（H）/长度（L）/放弃（U）/宽度（W）］：150

//向上 150

（2）绘制闭合多段线

如图 4.25 所示，绘制闭合的多段线。

命令：PL PLINE

指定起点：

当前线宽为 0.0000

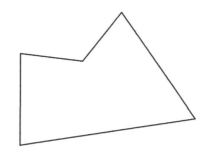

图 4.25　绘制闭合的多段线

指定下一个点或［圆弧(A)/半宽(H)/长度(L)/放弃(U)/宽度(W)］:<正交 关>

指定下一点或［圆弧(A)/闭合(C)/半宽(H)/长度(L)/放弃(U)/宽度(W)］:

指定下一点或［圆弧(A)/闭合(C)/半宽(H)/长度(L)/放弃(U)/宽度(W)］:

指定下一点或［圆弧(A)/闭合(C)/半宽(H)/长度(L)/放弃(U)/宽度(W)］:

指定下一点或［圆弧(A)/闭合(C)/半宽(H)/长度(L)/放弃(U)/宽度(W)］:
c //闭合线段

(3)绘制圆弧且有宽度的多段线

如图 4.26 所示,运用多段线绘制钢筋。

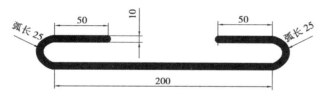

图 4.26　绘制有圆弧和宽度的多段线

命令：PL PLINE

当前线宽为 0.0000

指定起点:

指定下一个点或［圆弧(A)/半宽(H)/长度(L)/放弃(U)/宽度(W)］: w

指定起点宽度 <0.0000>: 10　　　　　　　　　　　　//指定线宽

指定端点宽度 <10.0000>:

指定下一个点或［圆弧(A)/半宽(H)/长度(L)/放弃(U)/宽度(W)］: 50　　//指定第一直线的长度

指定下一点或［圆弧(A)/闭合(C)/半宽(H)/长度(L)/放弃(U)/宽度(W)］: a
　//转换为画圆弧

指定圆弧的端点或

［角度(A)/圆心(CE)/闭合(CL)/方向(D)/半宽(H)/直线(L)/半径(R)/第二个点(S)/放弃(U)/宽度(W)］: 25　　//指定圆弧的弧长

指定圆弧的端点或

［角度(A)/圆心(CE)/闭合(CL)/方向(D)/半宽(H)/直线(L)/半径(R)/第二个点(S)/放弃(U)/宽度(W)］: l　　//转换为画直线

指定下一点或［圆弧(A)/闭合(C)/半宽(H)/长度(L)/放弃(U)/宽度(W)］: 200

//指定直线长度

指定下一点或［圆弧（A）/闭合（C）/半宽（H）/长度（L）/放弃（U）/宽度（W）］：a
//转换为画圆弧

指定圆弧的端点或

［角度（A）/圆心（CE）/闭合（CL）/方向（D）/半宽（H）/直线（L）/半径（R）/第二个点
（S）/放弃（U）/宽度（W）］：25   //指定圆弧的弧长

指定圆弧的端点或

［角度（A）/圆心（CE）/闭合（CL）/方向（D）/半宽（H）/直线（L）/半径（R）/第二个点
（S）/放弃（U）/宽度（W）］：l   //转换为画直线

指定下一点或［圆弧（A）/闭合（C）/半宽（H）/长度（L）/放弃（U）/宽度（W）］：50
//指定直线的长度

4.5.2　多线

在 AutoCAD 中，多线是由多条平行线组成的组合对象，可以绘制 1~16 条平行线。在多线样式中可以设置多线的数量、颜色、线型和多线间的间距，还能指定多线两个端头封口的样式，如内弧端头、外弧端头和直线端头。多线命令常用于绘制建筑图中的墙体、门、窗等平行线对象。掌握了多线命令有助于提高建筑平、立、剖面图的绘图速度。

（1）设置多线样式

在绘制多线以前，首先要设置多线样式，设置多线样式常有如下 2 种方法：

①菜单栏："格式"→"多线样式"。

②命令行：在命令提示行中输入"Mlstyle（多线样式）"命令并按回车键。

在 AutoCAD 中，系统默认的多线样式为"STANARD"标准，由两条平行线组成，偏移量分别为+0.5 和-0.5，即两条平行线距离为"1"，在建筑工程制图中，通常用于绘制墙体。如果用户改变多线的数目和多线间的距离，就可以绘制窗子等二维图形了。

例：设置窗的多线样式。

①主菜单"格式"→"多线样式"或在命令行输入"Mlstyle"命令，系统会弹出"多线样式"对话框，如图 4.27 所示，单击"新建"按钮。

②在"创建新的多线样式"对话框，在如图 4.28 所示中输入新文件名"窗子"，单击"继续"按钮。

③在弹出的"多线样式：窗子"对话框中，单击"添加"按钮，添加两条线，并设置偏移量为+0.2 和-0.2，并设置为直线封口，如图 4.29 所示。

④设置完毕，单击"确定"按钮完成设置。

（2）绘制多线

在执行多线命令时，有对正（J）/比例（S）/样式（ST）3 个子选项。绘制多线方法通常有下述两种方法：

①菜单栏："绘图"→"多线"。

②命令行：在命令提示行中输入"Mline（多线）"命令并回车，Mline 简写为 Ml。

a."对正（J）"方式。对正方式通常和基线的位置有关，如图 4.30 所示。

图 4.27　多线样式对话框

图 4.28　创建新的多线样式

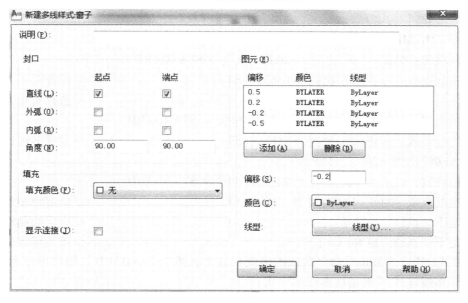

图 4.29　设置窗的多线样式

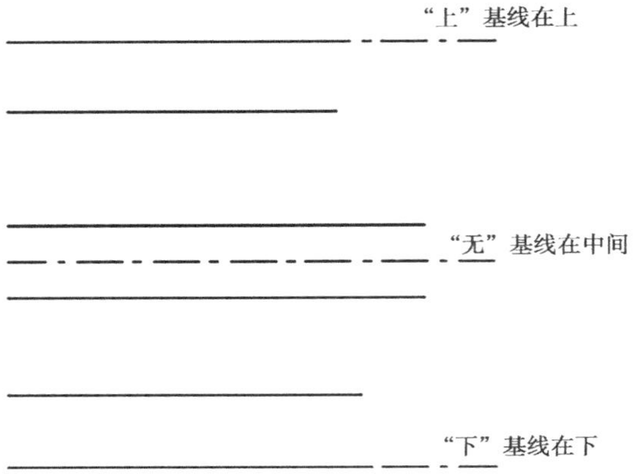

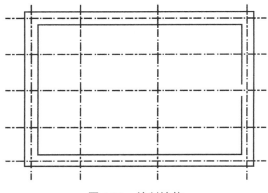

"上"基线在上

"无"基线在中间

"下"基线在下

图 4.30   多线"对正(J)"方式

b.比例(S)。在使用"Mline"命令的默认值中,两条多线之间的距离为 1 的 20 倍。如果用户绘制 240 的墙体,就将"S"比例的值设置为 1 的 240 倍。

如图 4.31 所示,绘制 240 的墙体。

图 4.31   绘制墙体

命令:ML MLINE

当前设置:对正 = 下,比例 = 20.00,样式 = STANDARD

指定起点或［对正(J)/比例(S)/样式(ST)］:   J   //设置对正方式

输入对正类型［上(T)/无(Z)/下(B)］＜下＞:   Z   //选择对正方式

当前设置:对正 = 无,比例 = 240.00,样式 = STANDARD

指定起点或［对正(J)/比例(S)/样式(ST)］:   S   //设置多线比例

输入多线比例 ＜20＞:   240

当前设置:对正 = 无,比例 = 240.00,样式 = STANDARD

指定起点或［对正(J)/比例(S)/样式(ST)］:   //指定绘制起点

指定下一点: //指定绘制端点

指定下一点或［放弃(U)］:   //按回车键确定

c.样式(ST)。"Mline"命令默认的多线样式为标准"STANDARD",用户可以通过设置"Mlstyle(多线样式)"来增加多线的样式。

（3）编辑多线

编辑多线方法通常有下述 3 种方法：

①单击"修改"→"对象"→"多线"。

②双击多线。

③在命令行中执行"Mledit"命令。

用以上方法都能打开多线编辑工具，如图 4.32 所示。在建筑制图中，常用到角点结合、T 形合并、十字打开等多线编辑工具。

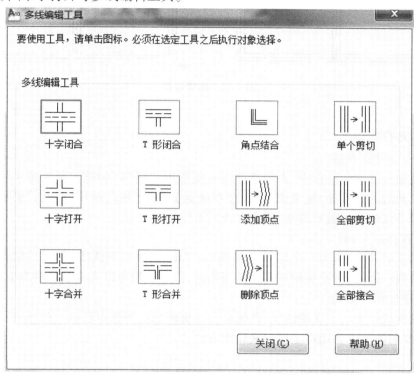

图 4.32　多线编辑工具对话框

如图 4.33 所示，编辑图中所有墙体，使各墙体之间完全打通。

4.6　块的创建与插入

块是由一个或多个对象组成的对象集合，是一组图形对象的总称，系统将这个集合看成一个单一的整体对象。在进行建筑设计时，人们常常需要反复使用一些图形，如门、窗、家具、标高符号等相同对象或专业符号等，AutoCAD 提供了创建块的功能，用来专门避免绘图中重复性绘图工作。

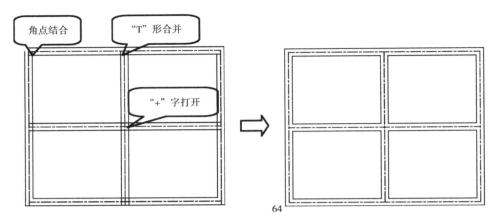

图 4.33　编辑墙体

4.6.1　图块的特点

（1）便于创建图块库

在绘制建筑图形的过程中，人们通常将一些常用的图形（如建筑平面图中的门、窗、家具和标注单元房的布局等）定义成块，保存在硬盘上，便于随时调用，因此就形成了一个图块库。这样不仅避免了重复劳动，还大大提高了绘图的效率。

（2）节省存储空间

创建图块后，图块作为一个整体对象插入，AutoCAD 在创建图块时，只保存了图块的整体特征参数。因此，在绘制相对复杂的图形时，使用图块可以大大节省磁盘空间。

（3）便于图形的修改

修改或更新一个已定义的图块，系统将自动更新当前图形中已插入的所有该图块。因此，通过修改图块可以为用户工作带来较大方便。

4.6.2　图块的创建

图块分为内部块和外部块，无论是内部块还是外部块，它们都有一个共同的特点，即只有一个夹点。要定义一个对象为块时，首先要绘制图块对象，然后对其创建为内部块或外部块。

（1）创建内部块

创建的内部块只能在定义它的图形文件中调用，存储在图形文件内部。创建内部块 Block 有下述几种方法：

①菜单栏："绘图"→"块"→"创建"。

②工具栏：单击"绘图"工具栏中 ⌐⊃（创建块）按钮。

③命令行：在命令提示行中输入"Block（块）"命令并按回车键，Block 简写为 B。

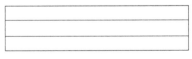

图 4.34　窗子

如图 4.34 所示，将"窗子"创建为内部块。

①主菜单"绘图"→"块"→"创建"或在命令行输入"Block"命令，系统会弹出"块定

义"对话框,如图4.35所示,在"名称(N)"下方输入创建新块的名称"窗子"。

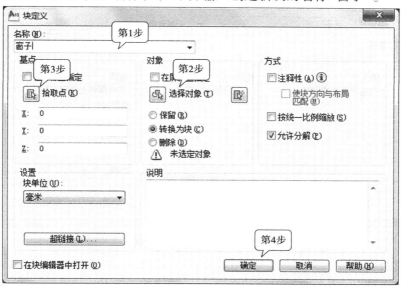

图 4.35　插入块对话框

②然后单击"选择对象"按钮,选择"窗子"图形。

③在"基点区"中定义块的基点。

④按回车键确定。

⑤创建块前与创建块后的夹点个数的对比,如图 4.36 所示。

（a）创建块前　　　　　　　　　　　　　（b）创建块后

图 4.36　"块"前与"块"后 的对比

（2）插入内部块

执行 Insert 插入块（简写 I）命令通常有以下 3 种方法：

①菜单栏："插入"→"块"。

②工具栏：单击"绘图"工具栏中⦿（插入块）按钮。

③命令行：在命令提示行中输入"I"命令并按回车键。

如图 4.36 所示,将创建的块"1"插入当前文件中。

①主菜单"插入"→"块"或在命令行输入"Insert"命令,系统会弹出"插入"对话框,如图 4.37 所示。

②在"名称(N)"下方选择要插入块的块名"窗子"。

③按回车键确定。

④指定要插入块的位置。

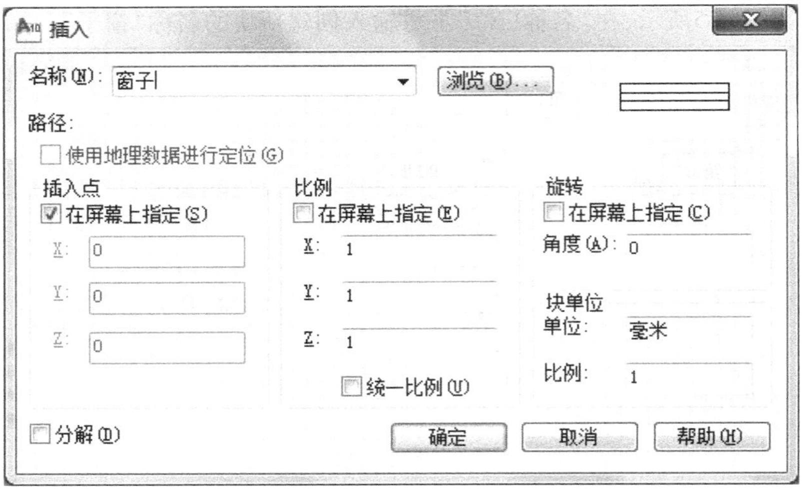

图 4.37 "插入块"对话框

（3）创建外部块

使用"Wblock"写块命令可以创建外部块。创建的外部块通常是以独立的 CAD 图形文件保存于计算机中，可以将其调用到其他图形文件中。在命令提示行中输入"Wblock（写块）"命令并按回车键即可创建外部块。

如图 4.38 所示，将"浴缸"创建为外部块。

①在命令提示行中输入"Wblock（写块）"命令并回车，系统会弹出"写块"对话框，如图 4.39 所示。

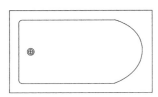

图 4.38 浴缸

图 4.39 写块对话框

②单击"选择对象"按钮,选择浴缸。

③在"基点区"单击"拾取点"定义块的基点。

④在"文件名和路径(F)中指定外部块的名称"新块"及保存位置。

⑤按回车键确定。

(4)插入外部块

使用"Insert"命令即可插入外部块,在命令提示行中输入"Insert(插入)"命令并回车。

例:将创建的外部块"新块"插入当前文件中。

①在命令行输入"Insert"命令,系统会弹出"插入"对话框,如图4.40所示。

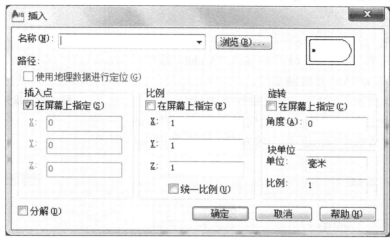

图4.40 写插入块对话框1

②在"浏览(B)"下方寻找要插入的外部图标块"新块"并打开,如图4.41所示。

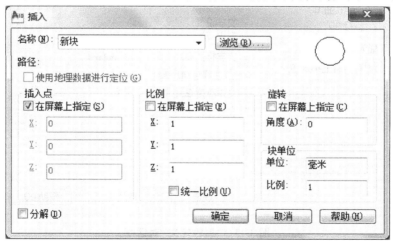

图4.41 插入块对话框2

③在"插入"对话框中单击"确定"按钮。

④指定插入点或[基点(B)/比例(S)/X/Y/Z/旋转(R)]:　　//指定外部块插入的位置

4.6.3 块属性

属性是将数据附着到块上的标签或标记,属性中可以包含对象编号、注释和特点等文本信息。AutoCAD 允许为图块附加一些标签、标记,以增强图块的通用性。属性图块用于形式相同,而文字内容需要变化的对象,如在建筑制图中的标高尺寸的标注、高层符号、墙间编号等,将它们创建为有属性的图块,使用时可按需要指定不同的属性。

(1)定义属性

在 AutoCAD 2010 中,常用 2 种方法进行块的属性定义:

①菜单栏:"绘图"→"块"→"定义属性"。

②命令行:在"命令提示行"中输入"Attdef(属性定义)"命令,简写为"Att"并按回车键。

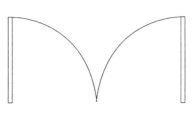

图 4.42 双开门

如图 4.42 所示,给双开门定义属性为 M-01。

①单击"绘图"→"块"→"定义属性",然后在弹出的"属性定义"对话框中"标记"栏中输入"M-01",如图 4.43 所示。

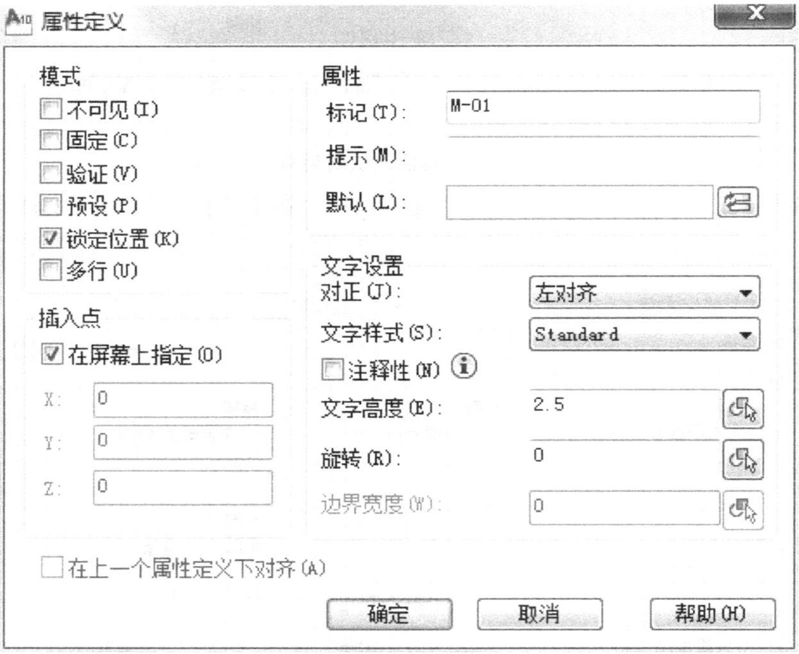

图 4.43 "属性定义"对话框

②确定。

③指定属性插入的位置,如图 4.44 所示。

(2)使用块属性

属性只有和图块联系在一起,才能体现块属性的通用性,单独定义的块属性在插入块时毫无意义。因此,用户要将块和属性一起创建为新的块,这样才能更好地使用块和块属性。使用块属性步骤如下所述。

①绘制需添加属性的图形对象。

②使用"attdef（定义属性）"命令在该图形对象上添加属性。

③使用"Block（内部块）"或者"Wblock（外部块）"将图形对象和定义的属性一起创建为有属性的块。

④使用"Insert（插入）"块命令使用块属性。

如图 4.45 所示，给标高定义属性为±0.000 并修改属性为 3.000。

①创建标高符号图形。

图 4.44　属性为"M-01"的门　　　　　图 4.45　定义并修改属性

②单击"绘图"→"块"→"定义属性"（或执行 attdef 命令）打开"属性定义"对话框，如图 4.46 所示，在"标记"中设置属性值为：±0.000。

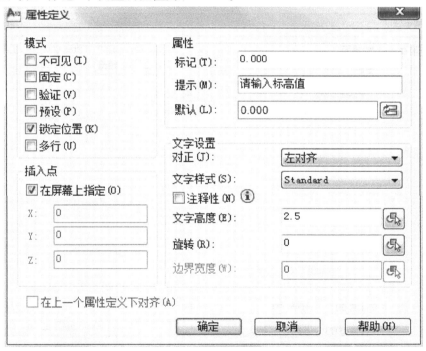

图 4.46　定义属性

③单击"确定"按钮，指定插入位置。

④选择创建的标高图形和属性±0.000 并同时创建为一个外部块"标高"。

⑤单击"插入"→"块"菜单命令，在对话框中选择定义的块文件，单击系统会弹出"插入"对话框，如图 4.47 所示。

⑥在"浏览（B）"下方寻找要插入的外部图标块"标高"并打开，如图 4.48 所示。

⑦在"插入"对话框中单击"确定"按钮，如图 4.49 所示。

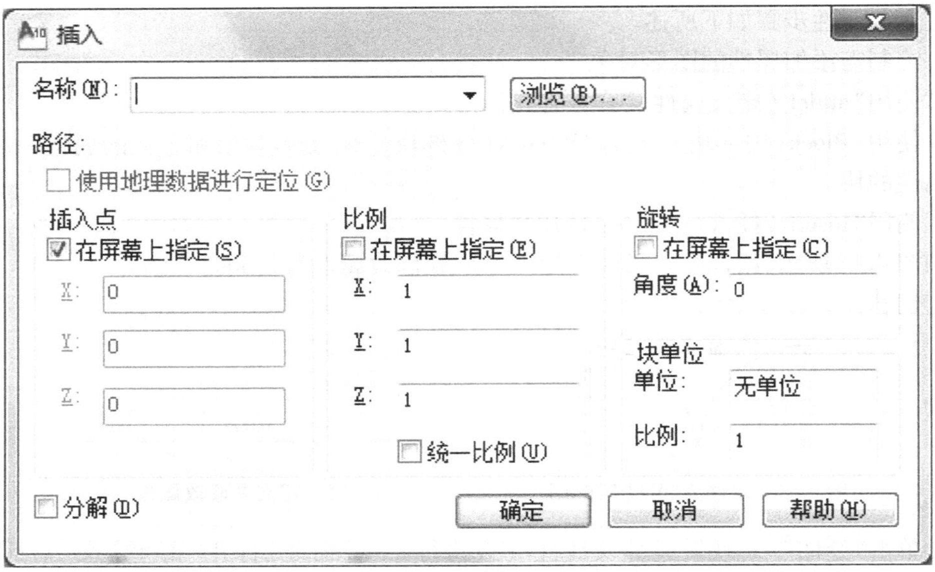

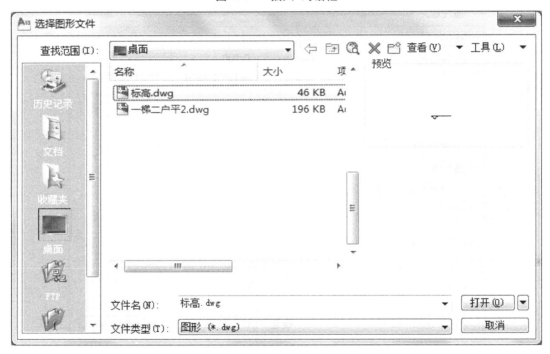

图 4.47 "插入"对话框

图 4.48 "选择图形文件"对话框

指定插入点或［基点（B）/比例（S）/X/Y/Z/旋转（R）］：　　//在屏幕上指定插入点
　　　　　　　　　　　　　　　　　　　　　　　　　　　　　　输入属性值

请输入标高值〈±0.000〉：3.000　　　//输入新的块属性值

（3）编辑属性定义

创建了块的属性定义后，用户还可以对其属性进行修改。双击属性定义的文字，然后在弹出的"编辑属性定义"对话框中设置新的属性即可。

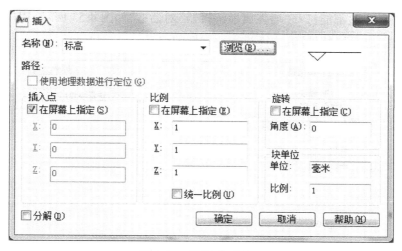

图 4.49　"插入"对话框

如图 4.50 所示,重新设置双开门的属性定义:将"M-01"修改为"M-02"。

图 4.50　属性为"M-01"的双开门

双击"M-01"属性,然后在弹出的"编辑属性定义"对话框,如图 4.51 中的"标记"栏将"M-01"改为"M-02",单击"确定"按钮即可,如图 4.52 所示。

图 4.51　"编辑属性定义"对话框

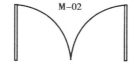

图 4.52　属性为"M-02"的双开门

（4）编辑块的属性

创建了块的属性后,用户还可以编辑其属性,编辑属性常用以下 2 种方法:

①菜单栏:"修改"→"对象"→"属性"→"单个"（或全局或块属性管理器）。

②工具栏:单击"修改Ⅱ"工具栏 中的 ♥（块属性管理器）按钮。

用以上 2 种方法都能打开"增强属性编辑器"对话框,如图 4.53 所示,用户通常是通过对"属性""文字选项""特性"几方面进行块属性的编辑。

图 4.53　"增强属性编辑器"对话框

本章小结

通过本章的学习,要求掌握绘制直线 Line、点 Point(点样式和通过点等分对象的方法:定数等分和定距等分)、矩形 Rectang、圆 Circle、圆弧 Arc、椭圆 Ellipse 及椭圆弧、正多边形 Polygon 等基本绘图命令的使用方法;熟练掌握多段线 Pline 命令的使用,能够运用 Pline 命令绘制直线段和弧线段相互连接的线段和有宽度的线段。熟练掌握绘制多线 Mline 命令及子选项:对正(J)、比例(S)、样式(ST)的意义和使用,熟练掌握 Mlstyle 多线样式设置的方法,如墙体的多线样式设置、窗子多线样式的设置等;熟练掌握块的特点、块的分类(内部块和外部块)、块的创建(Block 内部块和 Wblock 外部块)、块的属性定义、使用块的属性、编辑属性定义和编辑块的属性的方法。

习题与实训

一、填空题

1.点的绘制方法有 4 种,分别为(　　　　)、(　　　　)、(　　　　)和(　　　　)。

2.圆的绘制方法至少有 6 种,它们分别是 (　　　　)、(　　　　)、(　　　　)、(　　　　)、(　　　　)、(　　　　)。

3.内部块和外部块的共同特点是(　　　　)。

4.绘制椭圆通常有(　　　　)和(　　　　)两种方法。

5.绘制多边形至少可以绘制(　　　　)个边,最多可以绘制(　　　　)个边。

二、选择题

1. 设置点样式可以(   )。

A. 选择"格式"→"点样式"命令　　　　　　　　B. "Ctrl+1"特性工具栏中进行设置

C. 单击"绘图"→"点样式"命令　　　　　　　　D. 单击"工具"→"点样式"命令

2. 一定数量的等分是用(   )命令。

A. DIVIDE　　　　　　　B. MEASURE　　　　　　　C. Mlstyle　　　　　　　D. Polygon

3. 在下列方法中,不能够创建圆的命令是(   )。

A. 圆心、直径　　　　　　B. 4P　　　　　　　C. 2P　　　　　　　D. 3P

4. 绘制椭圆的命令是(   )。

A. Circle　　　　　　　B. Polygon　　　　　　　C. Point　　　　　　　D. Ellipse

5. 在下列命令中,既可以绘制直线又可以绘制曲线的命令是(   )。

A. 多线　　　　　　　B. 多段线　　　　　　　C. 样条曲线　　　　　　　D. 修订云线

6. 创建外部块的命令是(   )。

A. Block　　　　　　　B. Ellipse　　　　　　　C. Mlstyle　　　　　　　D. Wblock

7. 多线编辑器的命令是(   )。

A. PE　　　　　　　B. ML　　　　　　　C. PMEDIT　　　　　　　D. MLEDIT

9. 使用多段线命令能创建的对象有(   )。

A. 直线　　　　　　　　　　　　　　　　　　　B. 曲线

C. 有宽度的直线和曲线　　　　　　　　　　　　D. 以上都是

三、实训绘图

1. 绘制墙体和门窗,窗用块(B)方式插入,并定义它的属性为 C-01,如图 4.54 所示。

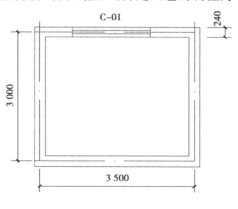

图 4.54　创建块并定义块

2. 运用 Rec、Arc 等命令绘制浴缸,如图 4.55 所示。

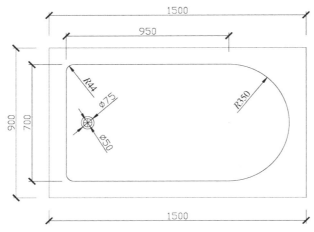

图 4.55　创建块并定义块

3.运用 PL,ML 等命令绘制如图 4.56 所示图形。

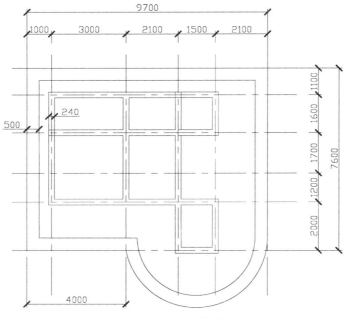

图 4.56　用 PL,ML 绘制图形

4.运用 Mline、Arc、Rectang 等命令绘制如图 4.57 所示平面图。

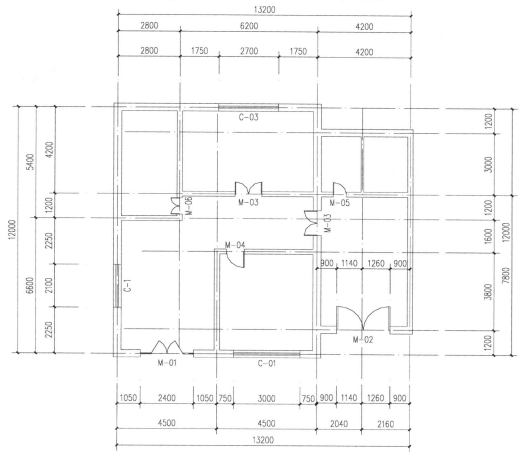

图 4.57 绘制平面图

第5章

编辑与修改命令

【知识提要】

编辑与修改命令：删除 Erase、撤销 Undo、恢复 Redo、复制 Copy、移动 Move、偏移 Offset、镜像 Mirror、缩放 Scale、延伸 Extend、拉伸 Stretch、修剪 Trim、打断 Break、倒角 Chamfer 等命令是 AutoCAD 中主要的组成部分之一，只有熟练掌握了编辑和修改命令的使用，才能快速地绘制与修改图形。

【学习目标】

①掌握删除 Erase、撤销 Undo、恢复 Redo、镜像 Mirror、偏移 Offset、倒角 Chamfer、圆角 Fillet 的命令的基本操作方法。

②熟练掌握在操作复制 Copy、移动 Move、旋转 Rotate 命令过程中指定基点的意义。

③熟练掌握阵列 Array 的分类（矩形阵列和环形阵列）及各阵列方式的操作要素。

④熟练掌握缩放 Scale 和拉伸 Stretch 在使用上的区别。

⑤熟练掌握打断于点与打断(Break)的区别。

⑥熟练掌握修剪 Trim 与延伸 Extend 这对互补命令的使用技巧。

5.1　删除、撤销、恢复

5.1.1　删除

在 AutoCAD 2010 中,通常用删除(Erase)命令来删除图形对象,该命令没有任何子选项。删除对象的方法有以下几种:

①菜单栏:单击"修改"→"删除"命令。

　　　　　单击"编辑"→"清除"命令。

②工具栏:在"修改"工具栏中单击 ✐ 按钮。

　　　　　直接按<Delete>键进行删除。

③命令行:在"命令提示行"中执行"Erase(删除)"命令并回车,Erase 简写为 E。

如图 5.1 所示,删除图中的圆形。

命令:E ERASE

选择对象:找到 1 个　　//选择要删除的对象"圆形"

　　　　　　　　　　　//按回车键确定

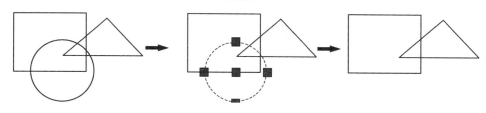

图 5.1　选中删除对象

5.1.2　撤销

在 AutoCAD 2010 中,用"Undo"命令来撤销图形对象,该命令没有任何子选项。撤销对象的方法可以有以下几种:

①工具栏:单击"常用"工具栏中的 ↰ 按钮。

②命令行:在"命令提示行"中执行"Undo(撤销)"命令并按回车键(Undo 简写为 U)。

③快捷键:<Ctrl+Z>

命令提示:

在命令提示行中输入"UNDO"命令后,命令行提示如下:

命令:undo ↙

输入要放弃的操作数目或〔自动(A)/控制(C)/开始(BE)/结束(E)/标记(M)/后退(B)〕<1>:2

　　//按回车键确定

5.1.3　恢复对象

在 AutoCAD 中,撤销"Undo"命令和恢复"Redo"命令是一对互补命令,一般是要撤销才能进行恢复。撤销对象的方法可以有以下几种：

①工具栏：单击【常用】工具栏中的⤺按钮。

②命令行：在"命令提示行"中执行"Redo（恢复）"命令并按回车键。

③快捷键：<Ctrl+Y>。

5.2 复制与移动

5.2.1 复制

复制（copy）命令用于复制所选定的图形对象到指定位置，而原对象不受任何影响。该命令既可在二维空间也可以在三维空间中使用。执行该命令有以下几种方法：

①菜单栏：单击"修改"→"复制"菜单命令。

②工具栏：单击"修改"工具栏中的⬚按钮。

③命令行：在"命令提示行"中直接执行"copy（复制）"命令并按回车键（copy 简写为co/cp）。

如图 5.2 所示，复制圆到一条直线上，并且圆心与左端点重合。

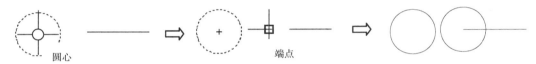

圆心　　　　　　　　　　　　　　　　端点

图 5.2　复制对象

命令：CO COPY

选择对象：找到 1 个　　　　　　　　　　//选择圆形

指定基点或［位移（D）/模式（O）］<位移>：指定第二个点或 <使用第一个点作为位移>：

　　　　　　　　　　　　　　　　　//指定圆心为复制的基点坐标

指定第二个点或［退出（E）/放弃（U）］<退出>：

　　　　　　　　　　　　　　　//确定直线的端点为目标点

> 👉 特别提示
>
> ①在复制过程中，基点的指定非常重要，通过基点的指定，可以提高新对象位置的准确性。
>
> ②在 AutoCAD 2010 中，复制命令执行一次命令可以进行连续的复制，用户只需连续指定目标点即可不断地产生复制对象。

5.2.2 移动命令

移动（Move）命令用于精确移动所选定的图形对象到指定位置，移动后原有对象就不存在了。该命令既可在二维空间也可以在三维空间中使用。执行该命令有以下几种方法：

①菜单栏:单击"修改"→"移动"命令。

②工具栏:单击"修改"工具栏中的✛按钮。

③命令行:在"命令提示行"中执行"Move(移动)"命令并按回车键(Move 简写为 M)。

如图 5.3 所示,移动圆到一条直线上,并且圆心与左端点重合。

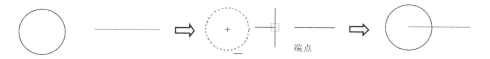

端点

图 5.3 移动对象

命令:M MOVE   //输入命令

选择对象:找到 1 个   //选择圆形

指定基点或［位移(D)/模式(O)］<位移>:指定第二个点或 <使用第一个点作为位移>:

//指定圆心为移动的基点坐标

指定第二个点或［退出(E)/放弃(U)］<退出>:

//指定直线的端点为目标点

👉 特别提示

①在移动过程中,基点的指定非常重要,通过基点的指定,可以提高新对象位置的准确性。

②在 AutoCAD 中,使用实时平移🖐的方法可以实现对象在视觉上的移动,但它的坐标位置是不会发生变化的。

5.3 镜像与旋转

5.3.1 镜像

镜像(Mirror)命令可完成对物体的镜像操作,对于对称图形来说使用起来更为方便。在执行镜像命令时可选择删除或保留原对象,执行该命令方法通常有以下 3 种方法:

①菜单栏:单击"修改"→"镜像"命令。

②工具栏:单击"修改"工具栏中的⚐按钮。

③命令行:在"命令提示行"中直接执行"Mirror(镜像)"镜像命令,Mirror 简写为 Mi。

如图 5.4 所示为镜像图形中的凳子。

命令:mi MIRROR

选择对象:指定对角点:找到 14 个   //选择要镜像的椅子

选择对象:指定镜像线的第一点:指定镜像线的第二点: //指定镜像的中点,然后向水平方向捕捉

要删除源对象吗?［是(Y)/否(N)］<N>:   //是否保留原有对象

//按回车键确定

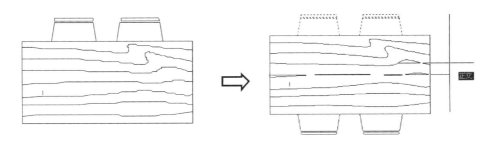

图 5.4　镜像对象

5.3.2　旋转(Rotate)命令

旋转(Rotate)命令用于将选中对象绕指定基点和角度旋转图形对象,旋转命令可以辅助绘制图形对象,旋转对象通过改变图形对象方向从而达到某些绘制目的。执行旋转命令常有以下 3 种方法:

①菜单栏:单击"修改"→"旋转"命令。

②工具栏:单击"修改"工具栏中的○按钮。

③命令行:在"命令提示行"中执行"Rotate(旋转)"命令并按回车键,Rotate 简写为 RO。

在 AutoCAD 中,默认的旋转角度的方向是"逆时针为正,顺时针为负",因此,人们在旋转过程中,要注意旋转角度的正负方向。

(1)"复制"旋转

如图 5.5 所示,旋转"复制"后,会产生两个对象,原有的对象和旋转后的新对象。

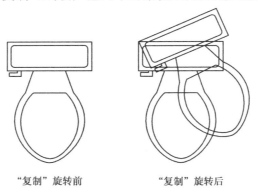

"复制"旋转前　　　　　　　　"复制"旋转后

图 5.5　"复制"旋转

(2)"参照"旋转

"参照"旋转如图 5.6 所示。

命令: RO ROTATE

UCS 当前的正角方向:　ANGDIR =逆时针　ANGBASE =0

指定基点:　　　　　　　　　　　　　　　//捕捉圆心作为旋转基点

指定旋转角度,或[复制(C)/参照(R)]<30>:r　　//使用"参照"方式

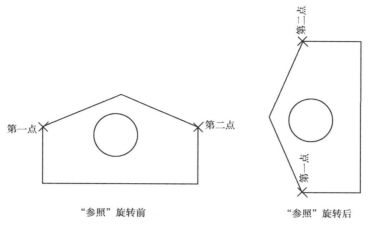

图 5.6 "参照"旋转

指定参照角 <0>： //捕捉左边第一点
指定第二点： //捕捉右边第二点
指定新角度或［点（P）］<0>： <正交 关> 90 //输入参照角度并按回车键确定
（3）指定角度旋转
指定马桶旋转 60°，如图 5.7 所示。

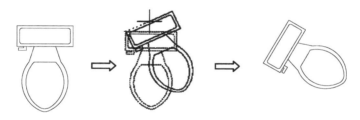

图 5.7 指定角度旋转

命令：RO ROTATE ↙
UCS 当前的正角方向： ANGDIR＝逆时针 ANGBASE＝0
选择对象： 找到 1 个 //选择马桶
指定基点： //指定左上角的点作为旋转基点
指定旋转角度，或［复制］（C）/［参照］（R）<0>：60° //输入旋转角度并按回车键确定

5.4 偏 移

偏移（Offset）命令用于将选中的对象按指定的距离生成和原对象类似的对象，对于对称图形来说使用起来更为方便。执行该命令常有以下 3 种方法：
①菜单栏：单击"修改"→"偏移"命令。
②工具栏：单击"修改"工具栏中的⬐按钮。
③命令行：在"命令提示行"中执行"Offset（偏移）"命令并按回车键，Offset 简写为 O。
如图 5.8 所示，偏移如下图形。
方法 1：指定距离

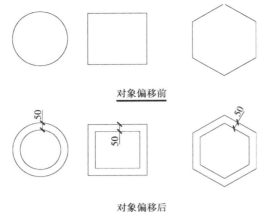

对象偏移前

对象偏移后

图 5.8　偏移对象

命令：O OFFSET　//输入命令
指定偏移距离或［通过(T)/删除(E)/图层(L)］<通过>:50　//给定偏移的距离
选择要偏移的对象,或［退出(E)/放弃(U)］<退出>:　　//选择要偏移的对象
指定要偏移的那一侧上的点,或［退出(E)/多个(M)/放弃(U)］<退出>:
　　　　　　　　　　　　　　　　　　　　　　　　//指定偏移的方向
选择要偏移的对象,或［退出(E)/放弃(U)］<退出>:　　//继续选择要偏移的
　　　　　　　　　　　　　　　　　　　　　　　　对象或者按回车键
　　　　　　　　　　　　　　　　　　　　　　　　结束命令

方法 2:通过(T)追踪
命令：O OFFSET　／
指定偏移距离或［通过(T)/删除(E)/图层(L)］<通过>:　t
选择要偏移的对象,或［退出(E)/放弃(U)］<退出>:　　//选择要偏移的对象
指定通过点或［退出(E)/多个(M)/放弃(U)］<退出>:50　//通过追踪给对象新
　　　　　　　　　　　　　　　　　　　　　　　　的通过点
选择要偏移的对象,或［退出(E)/放弃(U)］<退出>:　　//继续选择要偏移的
　　　　　　　　　　　　　　　　　　　　　　　　对象或者按回车键

5.5　阵　列

　　阵列(Array)命令是一个高效的复制命令,可以将对象按指定的行、列数及行间距和列间距、角度来矩形排列对象,也可以按指定一个中心点、项目总数和填充角度进行环形排列对象。执行该命令常有以下几种方法：
　　①菜单栏:单击"修改"→"阵列"命令。
　　②工具栏:单击"修改"工具栏中的⿰按钮。
　　③命令行:在"命令提示行"中执行"阵列(Array)"命令并按回车键,Array 简写为 AR。
　　阵列分为矩形阵列和环形阵列两种方式。

（1）矩形阵列

矩形阵列可以控制行和列的数目及对象之间的距离。在进行矩形阵列时,阵列的行间距和列间距都包含了对象本身的距离。如偏移量为正值,向 x 轴右方 y 轴上方排列,如偏移量为负值,向 x 轴左方 y 轴下方排列。

如图 5.9 所示,创建一个@ 100 mm,100 mm 的矩形,并进行矩形阵列:"设置行为 3,列为 3,行列间距均为 200"。

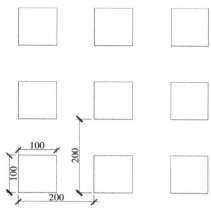

图 5.9　矩形阵列对象

命令:AR ARRAY　　　　　//按回车键确定,弹出"阵列"对话框,如图 5.10 所示。

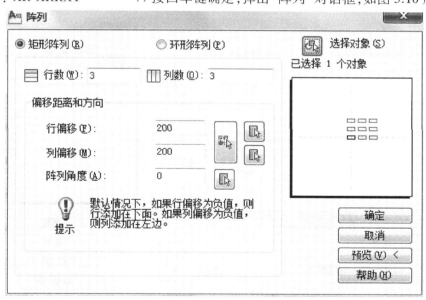

图 5.10　矩形阵列对话框

选择阵列方式:矩形阵列

输入行、列偏移距离:200

选择对象:单击🔲按钮,选择要创建阵列的对象。

确定。

（2）环形阵列

环形阵列是指将对象绕指定阵列中心，阵列角度及个数均匀分布对象，决定环形阵列的主要参数有：阵列中心、阵列角度和阵列数目。

将图 5.11 所示的圆形创建为环形阵列。

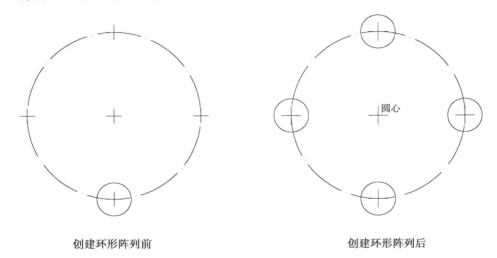

创建环形阵列前　　　　　　　　　　　　　　　创建环形阵列后

图 5.11　环形阵列

命令：AR　　ARRAY　　　　　　　//按回车键确定，弹出"阵列"对话框，如图 5.12 所示

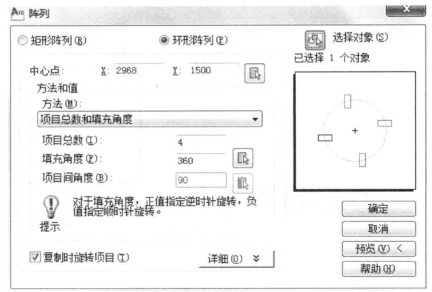

图 5.12　环形阵列对话框

选择阵列方式：环形阵列

指定中心点：以圆心作为中心点

选择对象：单击🖼按钮，选择圆形。

输入项目总数：4 个。

输入填充角度:360。

确定。

5.6　比例缩放

缩放(Scale)命令用于将选中对象按指定的比例因子进行放大或缩小,可用参照方式和比例值方式,其中比例值方式若所给比例值大于1,则放大对象,若所给比例值小于1,则缩小实体,比例值不能是负值。执行缩放命令常有以下3种方法:

①菜单栏:单击"修改"→"缩放"命令。

②工具栏:单击"修改"工具栏中的 按钮。

③命令行:在"命令提示行"中执行"Scale(缩放)"命令并按回车键,Scale简称SC。

(1)"比例因子"缩放

直接输入缩放比例因子,系统将根据所给比例对对象进行缩放。

(比例因子<1:缩小对象,比例因子>1:放大对象)

如图5.13所示,对厨具进行两倍的缩放。

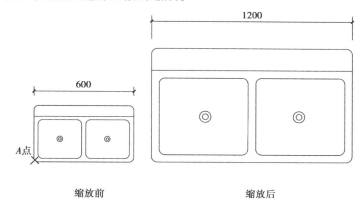

图5.13　"比例因子"缩放对象

命令:SC SCALE

选择对象:指定对角点:找到2个　　　　　　　　//选择要进行缩放的对象

指定基点:　　　　　　　　　　　　　　　　　//捕捉A点

指定比例因子或［复制(C)/参照(R)］<1.0000>:2

　　　　　　　　　　　　　　　　　　　　　//输入要缩放的比例因子并按回
　　　　　　　　　　　　　　　　　　　　　　车键确定

(2)"参照"缩放

参照(R):用户可根据自己的需求来确定新长度。用户输入参考长度后,系统会将两个长度的比值进行缩放。

如图5.14所示,对下列对象的X边长缩放为500 mm。

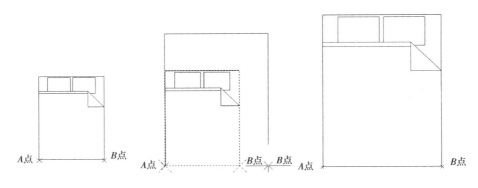

图 5.14　"参照"缩放对象

命令: SC SCALE	//输入命令
选择对象: 指定对角点: 找到 6 个	//选择要进行缩放的对象
指定基点:	//指定 A 点作为基点
指定比例因子或[复制(C)/参照(R)]<1.0000>:r	//使用"参照"方式
指定参照长度 <500.0000>:	//单击 A 点到 B 点作为参照长度
指定新的长度或［点(P)］<1.0000>:800	//输入要指定的长度值并按回车键确定

（3）"复制"缩放

复制(C):缩放时同时对原有对象进行复制,如图 5.15 所示。

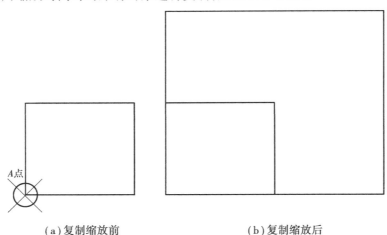

（a）复制缩放前　　　　　　　　　（b）复制缩放后

图 5.15　"复制"缩放对象

命令: SC SCALE	//输入缩放命令
选择对象: 指定对角点: 找到 1 个	//选择要缩放的对象
指定基点:	//A 点作为基点
指定比例因子或［复制(C)/参照(R)］<1.6000>:c	缩放一组选定对象。
指定比例因子或［复制(C)/参照(R)］<1.6000>:2	//指定缩放比例因子并按回车键确定

5.7 延伸与拉伸

5.7.1 延伸

延伸(Extend)命令用于将选定的直线、圆弧、曲线等图形对象延伸到指定的边界上。该边界既可以是存在的(所延伸的对象直接与边界对象相交),也可以是隐藏的(所延伸对象并不与对象直接相交而是与边界的隐藏部分的延长线相交)。通常执行延伸(Extend)命令的常用方法有以下3种:

①菜单栏:单击"修改"→"延伸"命令。

②工具栏:单击"修改"工具栏中的⊿按钮。

③命令行:在"命令提示行"中执行"Extend(延伸)"命令并按回车键,Extend简称Ex。子选项命令选项意义:

● 栏选(F):绘制一连续虚折线,与虚折线相交的部分将被延伸。

● 窗交(C):利用交叉窗口延伸对象。

● 投影(P):通过该选项制订执行延伸的空间。

● 边(E):在延伸过程中延伸边与相交边的关系。

● 放弃(U):可进行撤销上一步的延伸操作。

● 延伸(E):如果延伸边界边太短没有与延伸对象相交,那么系统就会假想自动将边界延长,再执行延伸操作。

● 不延伸(N):只有边界与延伸边相交才能执行修剪命令。

● 删除(R):在不退出延伸命令的状态下执行删除命令。

如图5.16所示,对图中的圆弧进行延伸。

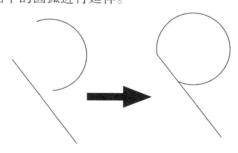

图5.16　延伸

命令: EX EXTEND

当前设置:投影=UCS,边=延伸

选择边界的边…

选择对象或 <全部选择>： 找到 1 个　　　　　　　　//选择直线作为边界

选择要延伸的对象,或按住 Shift 键选择要修剪的对象,或

[栏选(F)/窗交(C)/投影(P)/边(E)/放弃(U)]: // 选择弧线的一端

选择要延伸的对象,或按住 Shift 键选择要修剪的对象,或

[栏选(F)/窗交(C)/投影(P)/边(E)/放弃(U)]: // 选择弧线的另一端并按回车
键确定

这个过程的命令可以总结为快捷命令:

 特别提示

上述操作可总结为:EX ↙↙然后直接单击要延伸的对象。

如图 5.17 所示,利用"边(E)"对下列对象进行延伸。

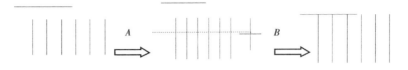

图 5.17　栏选延伸

命令: EX EXTEND 并按回车键确定

当前设置:投影=UCS,边=延伸

选择边界的边…

选择对象或 <全部选择>:　找到 1 个　　　　　　　　　　　　//选择边界

选择对象:

选择要延伸的对象,或按住 <Shift >键选择要修剪的对象,或并按回车键确定

[栏选(F)/窗交(C)/投影(P)/边(E)/放弃(U)]:E　　　　　//选择延伸方式

输入隐含边延伸模式 [延伸(E)/不延伸(N)] <延伸>:<延伸>　//选择延伸模式

选择要延伸的对象,或按住 Shift 键选择要修剪的对象,或

[栏选(F)/窗交(C)/投影(P)/边(E)/放弃(U)]:F　　　　　　　延伸

指定第一个栏选点:A 点　　　　　　　　　　　　　　　　　//栏选第一点

指定下一个栏选点或 [放弃(U)]:B 点　　　　　　　　　　　//栏选第二点并按
回车键确定

这个过程的命令可以总结为快捷命令:

 特别提示

上述操作可总结为:栏选延伸:Ex ↙↙ F ↙

5.7.2　拉伸

拉伸(Stretch)命令用于将选定对象进行拉长或缩短。在拉伸过程中,通过交叉窗口或交叉多边形选择方式选择对象来改变端点的位置从而拉伸对象。在拉伸过程中,除被拉伸的部分外,其他图元的大小及相互间的几何关系将保持不变。通常执行拉伸命令的常用方法有以下 3 种:

①菜单栏：单击"修改"→"拉伸"命令。

②工具栏 单击"修改"工具栏中的⌴按钮。

③命令行：在"命令提示行"中执行"Stretch（拉伸）"命令并按回车键，Stretch 简写为 S。

如图 5.18 所示，将下列窗子的长度 1000 mm 拉伸为 1500 mm。

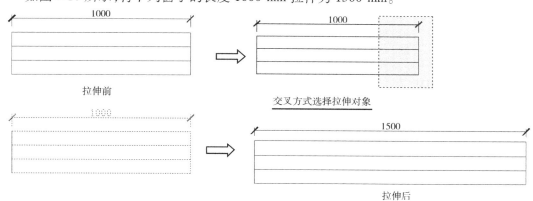

图 5.18　拉伸对象

命令：S　STRETCH　　　　　　　　　　　　　　　//输入命令

以交叉窗口或交叉多边形选择要拉伸的对象…

选择对象：指定对角点：找到 6 个　　　　　　　//输入命令

选择对象：　　　　　　　　　　　//以交叉窗口或交叉多边形选择窗子

指定基点或［位移（D）］<位移>：　　　　　//指定右下角为基点向右拉伸

指定第二个点或 <使用第一个点作为位移>：500　//输入拉伸的值并按回车键确定

5.8　修　剪

在 AutoCAD 绘图过程中，所绘制对象常常相互交织，用户要修剪掉不需要的部分，从而达到绘制要求。修剪（Trim）命令用于修剪相交部分多余的线段。执行修剪命令常用有以下 3 种方法：

①菜单栏：单击"修改"→"修剪"命令。

②工具栏：单击"修改"工具栏中的┭按钮。

③命令行：在"命令提示行"中执行"Trim（修剪）"命令并按回车键，Trim 简称 TR。

子选项命令选项意义：

● 栏选（F）：绘制一连续虚折线，与虚折线相交的部分将被修剪。

● 窗交（C）：利用交叉窗口修剪对象。

● 投影（P）：通过该选项制订执行修剪的空间。

● 边（E）：在修剪过程中剪切边与被修剪边的关系。

● 删除（R）：在不退出修剪命令的状态下执行删除命令。

● 放弃（U）：在修剪失误后可进行撤销上一步操作。

如图 5.19 所示,利用"栏选(F)"对下列对象进行修剪。

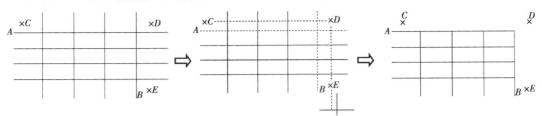

图 5.19　"栏选(F)"修剪

命令: TR TRIM　　　　　　　　　　　　　　//输入命令并按回车键确定

当前设置:投影=UCS,边=延伸

选择剪切边…

选择对象或 <全部选择>:　找到 1 个　　　//选中 A 直线

选择对象:找到 1 个,总计 2 个　　　　　//选中 B 直线并按回车键确定

选择要修剪的对象,或按住 <Shift >键选择要延伸的对象,或

[栏选(F)/窗交(C)/投影(P)/边(E)/删除(R)/放弃(U)]:f

　　　　　　　　　　　　　　　　　　　　//选择修剪方式

指定第一个栏选点:　　　　　　　　　　C 点

指定下一个栏选点或 [放弃(U)]:　　　　D 点

指定下一个栏选点或 [放弃(U)]:　　　　 E 点　并按回车键确定

如图 5.20 所示,利用"窗交(C)"对下列对象进行修剪。

命令: TR TRIM　　　　　　　　　　　　　　//输入命令并按回车键确定

当前设置:投影=UCS,边=延伸

选择剪切边…　　　　　　　　　　　　　　//选择后成虚线显示并按回车键确定

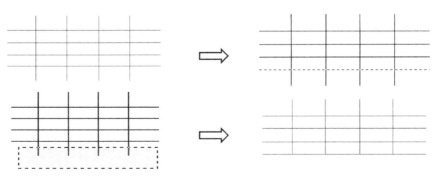

图 5.20　"窗交(C)"修剪

选择对象或 <全部选择>:　找到 1 个

选择要修剪的对象,或按住 Shift 键选择要延伸的对象,或

[栏选(F)/窗交(C)/投影(P)/边(E)/删除(R)/放弃(U)]:c　　//选择修剪方式

指定第一个角点:指定对角点:　　　　　　//选出要修剪的范围

5.9 打断于点与打断

打断(Break)命令,通常是用来将一条直线打断为两段,并截去其中的一部分,变成了两部分,打断命令有修剪的作用。打断于点命令,是用来将一条直线打断为两段,但外观上没有任何变化。执行打断命令的常用方法通常有以下 3 种:

①菜单栏:单击"修改"→"打断"命令 。

②工具栏:单击"修改"工具栏中的按钮。

③命令行:在"命令提示行"中执行"Break(打断)"命令并按回车键,Break 简称 BR。

如图 5.21 所示,将下列矩形中的直线进行"打断"。

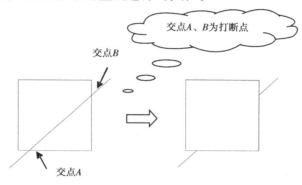

图 5.21 "打断"对象

命令:BR BREAK 选择对象:　　　　　　　　　//选择要打断的直线

指定第二个打断点或 [第一点(F)]: f　　　　 //选择打断方式:重新指定点

指定第一个打断点:A 点　　　　　　　　　　//指定第一个打断点 A

指定第二个打断点:B 点　　　　　　　　　　//指定第二个打断点 B

如图 5.22 所示,将下列直线进行"打断于点"。

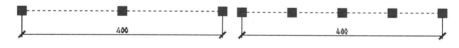

图 5.22 "打断于点"直线

打断于点前,打断于点后

命令:_break 选择对象:　　　　　　　　　　选择要打断的对象

指定第二个打断点或 [第一点(F)]: _f

指定第一个打断点:　　　　　　　　　　　//指定打断于点的位置

指定第二个打断点:

5.10 倒角与倒圆角

5.10.1 倒角

倒角(Chamfer)命令通常用于按指定的距离或角度在一对相交线上倒斜角,也可以对封闭的多段线相交处同时进行倒角。执行倒角命令的常用方法有以下3种:

①菜单栏:单击"修改"→"倒角"命令。

②工具栏:单击"修改"工具栏中的◻按钮。

③命令行:在"命令提示行"中执行"Chamfer(倒角)"命令并按回车键,Chamfer 简写为 Cha。

主要子选项命令选项意义:

- 多段线(P):对选择的多段线的每个顶点进行倒角。
- 距离(D):设置倒角的距离。
- 角度(A):设置倒角角度。
- 修剪(T):指定倒角之后是否修剪原有直角。
- 多个(M):可一次创建多个倒角。根据系统提示"第一个对象"选择要进行倒角的对象。

【例】利用"角度(A)、修剪(T)"对矩形进行倒角。

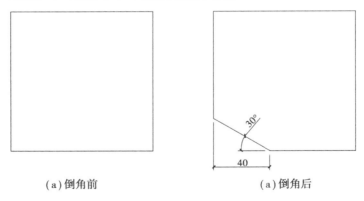

(a)倒角前　　　　　　　　　　　(a)倒角后

图 5.23 "角度、修剪"方式倒角

①绘制@ 100 mm,100 mm 的矩形。

②命令:_chamfer　　　　　　　　　　　　　　　//输入命令并按回车键确定

("修剪"模式)当前倒角长度 = 100.000 0,角度 = 30

选择第一条直线或[放弃(U)/多段线(P)/距离(D)/角度(A)/修剪(T)/方式(E)/多个(M)]:a

　　　　　　　　　　　　　　　　　　　　　　//选择倒角方式

指定第一条直线的倒角长度　<100.0000>:40　　　//输入第一倒角长度

指定第一条直线的倒角角度 <30>： //输入第一条直线倒角角度

选择第一条直线或［放弃（U）/多段线（P）/距离（D）/角度（A）/修剪（T）/方式（E）/多个（M）］：

//指定第一条要倒角的边

选择第二条直线,或按住<Shift>键选择要应用角点的直线： //指定第二条要倒角
的边

5.10.2 圆角

画圆角（Fillet）命令通常用于按指定半径的圆弧来光滑的连接两个对象。执行画圆角（Fillet）命令的常有以下 3 种方法：

①菜单栏：单击"修改"→"圆角"命令 。

②工具栏：单击"修改"工具栏中的⌐按钮。

③命令行：在"命令提示行"中执行"Fillet（圆角）"命令并按回车键,Fillet 简写为 F。

主要子选项命令选项意义：

多段线（P）：对选择多段线的每个顶点进行倒圆角。

半径（R）：设置倒角半径。

修剪（T）：指定倒圆角之后是否修剪原有角。

多个（M）：可一次创建多个圆角。根据系统提示"第一个对象"选择要进行倒角的对象。

如图 5.24 所示,利用"多段线（P）"对多段线倒圆角。

使用多段线P倒角前　　　　　　　　　　使用多段线P倒角后

图 5.24 "多段线"方式倒角

命令：F FILLET ↙

当前设置：模式=修剪,半径=0.0000

选择第一个对象或［放弃（U）/多段线（P）/半径（R）/修剪（T）/多个（M）］：r ↙

//设置倒角半径并按回车键确定

指定圆角半径<0.0000>：20 //输入倒圆角的半径 20

选择第一个对象或［放弃(U)/多段线(P)/半径(R)/修剪(T)/多个(M)］：p 选择二维多段线：

//选择圆角对象 12 条直线已被圆角

如图 5.25 所示,利用"修剪(T)"模式进行倒圆角。

| 圆角前 | 修剪模式(T)圆角 | 不修剪模式(N)圆角 |

图 5.25 "修剪(T)"方式倒角

①绘制@ 100 mm,100 mm 的矩形。

②圆角命令：F FILLET   //输入命令↙

当前设置：模式＝不修剪,半径＝0.0000

选择第一个对象或［放弃(U)/多段线(P)/半径(R)/修剪(T)/多个(M)］：t

//选择修剪

输入修剪模式选项［修剪(T)/不修剪(N)］<不修剪>： N ↙

//选择修剪模式(修剪或不修剪)

选择第一个对象或［放弃(U)/多段线(P)/半径(R)/修剪(T)/多个(M)］：r

指定圆角半径<0.0000>：40   //输入圆角半径

选择第一个对象或［放弃(U)/多段线(P)/半径(R)/修剪(T)/多个(M)］：p 选择二维多段线：   //选择圆角对象

4 条直线已被圆角。

5.11　分　解

分解(Explode)命令也称为炸开,通常用于将多线、块、标注和面域等整体对象分解为单个的对象元素。执行分解命令方法常有以下 3 种方法：

①菜单栏：单击"修改"→"分解"命令 。

②工具栏:单击"修改"工具栏中的 按钮。

③命令行：在"命令提示行"中执行"Explode(分解)"命令并按回车键,Explode 简写为 X。

如图 5.26 所示,分解门"块"。

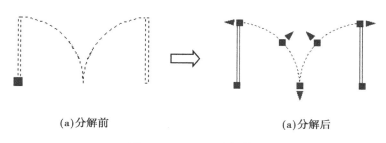

(a)分解前　　　　　　　　　　　　　(a)分解后

图 5.26　Explode 分解块

命令：Explode

选择对象：指定对角点：找到 1 个　　　　　//选择要分解的对象

如图 5.27 所示，分解图案填充。

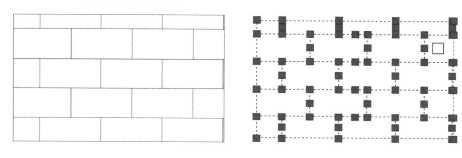

图 5.27　Explode 分解填充图案

命令：EXPLODE

选择对象：找到 1 个　　　　　　　　//选择要分解的填充对象

已删除填充边界关联性。　　　　　　//填充对象被分解为单个的元素

本章小结

　　本章主要学习了修改工具栏中：删除（Erase）、撤销（Undo）、恢复（Redo）、复制（Copy）、镜像（Mirror）、移动（Move）、偏移（Offset）、阵列（Array）、旋转（Rotate）、比例缩放（Scale）、延伸（Extend）、拉伸（Stretch）、修剪（Trim）、打断于点与打断（Break）、倒角（Chamfer）倒圆角（Fillet）等修改工具的使用。要求掌握删除（Erase）、撤销（Undo）、恢复（Redo）、镜像（Mirror）、偏移（Offset）、倒角（Chamfer）倒圆角（Fillet）的命令的基本操作方法；熟练掌握在操作复制（Copy）移动（Move）旋转（Rotate）命令过程指定基点的意义；熟练掌握阵列（Array）的分类（矩形阵列和环形阵列）及各阵列方式的操作要素；熟练掌握缩放（Scale）和拉伸（Stretch）在使用上的区别；熟练掌握打断于点与打断（Break）的区别；熟练掌握修剪（Trim）与延伸（Extend）这对互补命令的使用技巧。

习题与实训

一、填空题

1.删除单个独立对象的命令是(　　　　)。

2.在 AutoCAD 中,阵列对象分为(　　　　)和(　　　　)。

3.打断的命令是(　　　　)。

4.拉伸对象的选择对象方式是(　　　　)。

5.要延伸(Extend)对象的首要条件是(　　　　)。

6.分解对象的命令是(　　　　)。

二、选择题

1.使用缩放命令"Scale"缩放对象时(　　)。

  A.必须指定缩放比例　　　　　　　　B.可以在三维空间进行缩放

  C.必须使用"参照"方式　　　　　　　D.可以不指定缩放的基点

2.拉伸(Stretch)对象编辑对象时,应采用(　　)命令。

  A.框选　　　　　　B.交选　　　　　　C.全选　　　　　　D.点选

3.下面不能偏移的对象是(　　)。

  A.多段线　　　　　B.多线　　　　　　C.直线　　　　　　D.面

4.在偏移对象时(　　)。

  A.必须指定偏移距离　　　　　　　　B.必须使用追踪"T"方式

  C.可以不指定方向　　　　　　　　　D.可以不选择对象

5.下面不能进行倒角(Chamfer)的对象是(　　)。

  A.多段线　　　　　B.样条曲线　　　　C.直线　　　　　　D.文字

6.使用旋转命令(Redo)旋转对象时(　　)。

  A.必须指定旋转基点　　　　　　　　B.必须指定旋转角度

  C.必须使用(复制)子选项　　　　　　D.必须使用参照方式

7.删除对象的命令是(　　)。

  A.Block　　　　　　B.Redo　　　　　　C.Offset　　　　　　D.Wblock

8.下列选项中不能改变对象位置的编辑工具是(　　)。

  A.删除　　　　　　B.移动　　　　　　C.旋转　　　　　　D.修剪

9.剪去相交部分的直线的命令是(　　)。

  A.Extend　　　　　B.Trim　　　　　　C.Array　　　　　　D.Erase

10.绘制同心圆可以通过(　　)来实现。

  A.Move　　　　　　B.Offset　　　　　　C.Extend　　　　　D.LAyer

三、上机练习题

1.运用 Rec , Fillet , Mirror , Arc 等命令绘制如图 5.28 所示图形。

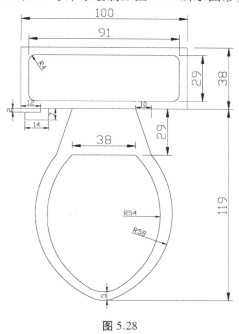

图 5.28

2.运用 Rec , Offiset , Array 等命令绘制如图 5.29 所示图形。

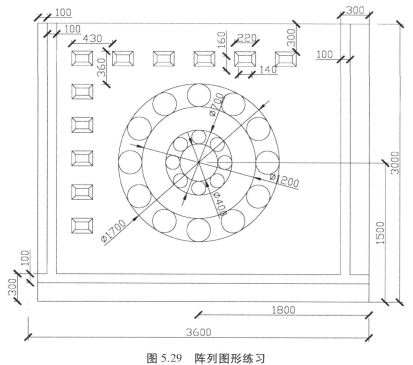

图 5.29　阵列图形练习

3.运用 Circle, Array, Mirror 等命令绘制水龙头把手, 如图 5.30 所示。

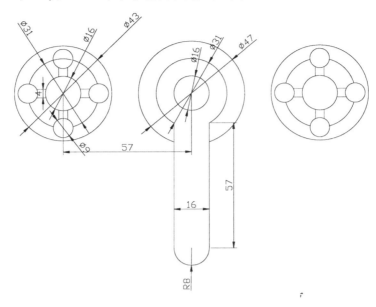

图 5.30 "水龙头把手"的绘制

第6章

文字表格与尺寸标注

【知识提要】

在一套完整的建筑施工图纸中,除了绘制图样外,还需要添加必要的文字说明、表格及尺寸标注,从而增加图纸的可读性,确保图纸准确传达设计者的意图。AutoCAD 2010 提供了强大的文字处理、表格注释以及尺寸标注功能,使用简单、操作方便。

本章主要介绍在 AutoCAD 2010 中,设置文字样式、文字标注与编辑、表格创建与修改、设置尺寸标注样式、尺寸标注方法等内容。

【学习目标】

①熟练掌握文字样式的创建。

②熟练掌握单行文字、多行文字的使用与编辑。

③学会表格的插入与编辑。

④熟练掌握尺寸标注样式的创建。

⑤掌握尺寸标注与编辑命令的应用。

6.1 文字注释

在建筑制图中,除了图形元素外,通常还需要添加必要的文字说明,如技术要求、工程概况、材料说明、施工要求,以及标题栏、目录等。文字注释已经成为了工程图样中不可缺少的部分。

6.1.1 设置文字样式

根据国家标准和行业规范,图纸的不同位置可能会采用不同的文字样式。文字样式是指控制文字基本形状的一组设置,如文字的字体、高度、宽度、倾斜角度、方向等显示特征。由于 AutoCAD 默认文字样式不能满足建筑施工图的要求,因此在文字注释前应先设置文字样式。

(1)命令调用

在 AutoCAD 2010 中,通过"文字样式"对话框来新建或修改文字样式。打开该对话框的方法有以下 3 种:

①功能区。单击"常用"标签→"注释"面板的下三角 注释▾ 按钮,打开如图 6.1 所示下拉菜单,单击"文字样式"按钮 ⚠。

图 6.1 "注释"下拉菜单

②菜单栏。单击"格式"→"文字样式"。

③命令行。输入 STYLE 或 ST↙。

执行上述命令,弹出"文字样式"对话框,如图 6.2 所示。

图 6.2 "文字样式"对话框

通过该对话框既可以查看当前文件中所设置的文字样式并对其进行修改,也可以生成新的文字样式。当文字样式定义成功并"置为当前"后,输入文字对象时,AutoCAD 会自动采用该文字样式。

（2）选项说明

"文字样式"对话框中各选项的含义如下所述。

● "样式"选项区：显示图形中的文字样式列表。列表包括已定义的样式名并默认显示当前样式。如果要更改当前样式，可以从列表中选择另一种样式或选择"新建"以创建文字样式。其中 Standard 是系统默认文字样式，不能删除。

● "字体"选项区：包含"字体名"、"字体样式"、是否"使用大字体"3 个选项。

"字体名"下拉列表显示了 Fonts 文件夹中所有注册的 TrueType 字体和已编译的 SHX 字体，如 txt.shx、宋体、仿宋等。如果选择以"@"符号开头的字体，将垂直书写文字。

"字体样式"下拉列表包含斜体、粗体、常规 3 种样式。

"使用大字体"只能对 SHX 字体创建"大字体"。

● "大小"选项区：包含"注释性"和"高度"两个选项，其中"高度"文本框用来设置文字的高度。当指定了高度值后，用该文字样式创建的所有文字具有相同高度。因此，注写不同高度的文字时，应将该处的高度值设为 0，然后使用 DTEXT 命令中的"字高"选项进行文字高度的设置。

● "效果"选项区：修改字体的特性，如宽度因子、倾斜角以及是否颠倒、反向等。具体每种样式显示效果如图 6.3 所示。

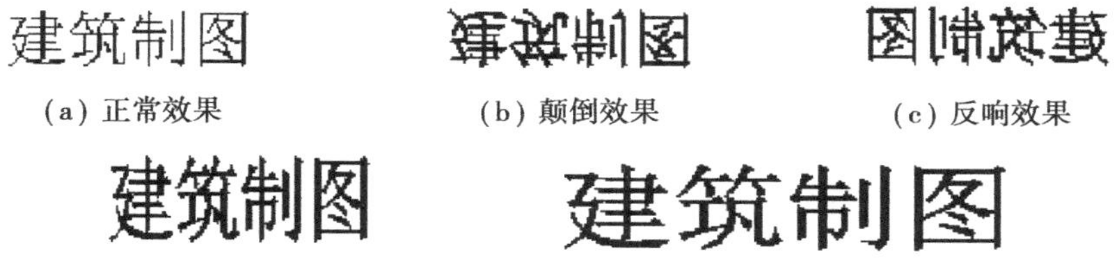

（a）正常效果　　　　　　（b）颠倒效果　　　　　　（c）反响效果

（d）宽度因子为 0.5　　　　　　（e）宽度因子为 1.2

图 6.3　文字的各种效果

● "预览"选项区：通过该区域可以预览设置后的文字效果。

（3）操作步骤

【例】下面以建筑制图中常用的"长仿宋"字体为例，介绍新建文字样式的操作方法。AutoCAD 2010 字体列表中没有长仿宋字体，因此在新建文字样式时，选择字体为"仿宋"或"仿宋_GB2312"，宽度因子为 0.7（长仿宋字体的宽高度比为 2/3），其余默认不变。步骤如下：

第 1 步：单击"格式"→"文字样式"，打开"文字样式"对话框，如图 6.2 所示。

第 2 步：在对话框中单击"新建"命令，弹出"新建文字样式"对话框，在对话框"样式名"文本框中输入"长仿宋"，如图 6.4 所示。

第 3 步：单击"确定"按钮，返回到"文字样式"对话框。此时，对话框"样式名"选项区新增"长仿宋"样式。

第 4 步：打开"字体名"下拉列表，选择字体为"仿宋"或"仿宋_GB2312"，修改宽度因子为 0.7，单击"应用"按钮，保存新设置的文字样式，如图 6.5 所示。

第 5 步：单击"关闭"按钮，完成新样式的设置。

图 6.4 "新建文字样式"对话框

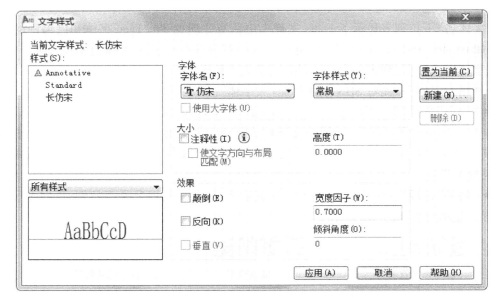

图 6.5 设置"长仿宋"文字样式对话框

6.1.2 插入单行文字

AutoCAD 提供了单行文字和多行文字两种输入方式。单行文字适宜于输入简短的文字,多行文字适宜于输入较长的或带有内部格式的文字。

用户可以通过单行文字命令创建一行或多行文字,其中一行文字为一个独立的图形对象,可以对其进行重新定位、调整格式或进行其他修改。

(1)命令调用

①功能区:单击"常用"标签→"注释"面板→"多行文字"
^{多行}
文字·下的三角按钮,打开多行文字下拉列表,如图 6.6 所示,单

击 A| 单行文字按钮。

图 6.6 多行文字下拉列表

②菜单栏:单击"绘图"→"文字"→"单行文字"。

③命令行:输入 TEXT 或 DT ✓ 。

(2)操作步骤

执行上述命令,命令行提示如下:

命令:_dtext //调用单行文字命令

当前文字样式:"长仿宋"文字高度:7 注释性:否 //显示当前文字样式信息

指定文字的起点或[对正(J)/样式(S)]:	//在绘图区域指定文字的起点或选择其他选项
指定文字高度<7>:10	//输入文字高度为10,其中<7>是上一次输入文字的高度
指定文字旋转角度:0	//输入文字旋转角度
输入文字:	//输入文字内容
↙	//在空行处按回车键结束命令

（3）选项说明

①"对正(J)"选项

用于设置文字的对齐方式。输入"J"并按回车键,命令行提示:

[对齐(A)/调整(F)/中心(C)/中间(M)/右(R)/左上(TL)/中上(TC)/右上(TR)/左中(ML)/正中(MC)/右中(MR)/左下(BL)/中下(BC)/右下(BR)]

现介绍几种常用的对齐方式,如下所述。

●左对齐:默认对齐方式,以文本框的左下角点作为对齐点。

●对齐(A):将文字限定在指定基线的两个端点之间。此时,文字的高度由两个端点之间的距离和文字数量来决定。当放入的文字越多时,字高越小。

●调整(F):同对齐方式相近,都是以指定基线的两个端点作为对齐点。但调整对齐需要在输入文字前指定字体高度,随着两点间放入文字的增多,使文字高度不变,宽度减小。

●中心(C):以指定点为中心点对齐,文字向两边排列。

●中间(M):以指定点为水平和垂直方向的对齐点,即水平对齐点和垂直对齐点重合。

●右(R):与左对齐相反,以文本框的右下角点作为对齐点。

②"样式(S)"选项

用于更改文字样式。输入"S"并按回车键,命令行提示:

输入样式名或[?]<长仿宋>	//输入样式名并按回车键(样式名为已创建的文字样式名)

6.1.3　插入多行文字

利用单行文字(TEXT)命令创建的大量文字,在移动、旋转及改变尺寸时,编辑十分麻烦。而利用多行文字命令(MTEXT)创建的大量文字整体为一个图形对象,编辑文字时更方便。同时,输入MTEXT后,AutoCAD还将打开"多行文字编辑器"对话框。该对话框类似于Word软件,用户可以很轻松地输入文字和特殊字符,以及为同一段文字设置不同的字体、颜色、高度等特性。

（1）命令调用

①功能区:单击"常用"标签→"注释"面板→"多行文字"按钮 **A** 。

②菜单栏:单击"绘图"→"文字"→"多行文字"。

③命令行:输入MTEXT或T↙。

（2）操作步骤

执行上述命令后,命令行提示如下所述。

命令:_mtext　　　　　　　　　　　　　　//调用多行文字输入命令

当前文字样式:"Standard"文字高度:7　　//显示当前文字样式信息

指定第一角点:　　　　　　　　　　　　//在绘图区域指定多行文字对话框的一个角点

指定对角点或[高度(H)/对正(J)/行距(L)/旋转(R)/样式(S)/宽度(W)]:

　　　　　　　　　　　　　　　　　　//在绘图区域指定多行文字对话框的另一个角点

执行上述命令后,弹出如图6.7所示的多行文字编辑器。

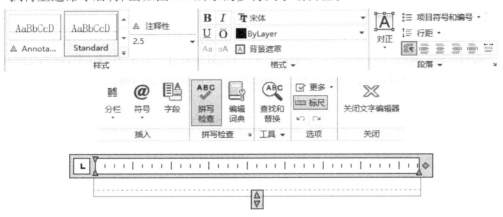

图6.7　多行文字编辑器

多行文字编辑器包含"样式""格式""段落""插入""拼写检查""工具""选项"7个功能区。其中"样式"功能区用于设置文字的样式、高度。"格式"功能区用于设置字体、字形、上划线、下划线、颜色、背景填充等特性。"段落"功能区用于设置段落的项目符号、行距、对齐方式等。"插入"功能区用于设置分栏、输入特殊符号等。

6.1.4　输入特殊字符

利用"单行文字"命令输入文字时,常需要输入一些特殊符号。如正负公差符号"±"、直径符号"φ"、角度符号"°"等。这些特殊字符不能从键盘上直接输入,因而AutoCAD提供了控制码(%%)用于特殊字符的输入,常用特殊字符的控制码见表6.1。

表6.1　特殊字符代码

控制码	对应特殊字符及功能
%%O	打开或关闭上画线"‾‾‾‾"
%%U	打开或关闭下画线"＿＿＿"
%%D	标注角度符号"°"
%%P	标注正负公差符号"±"
%%C	标注直径符号"φ"
%%%	标注百分号"%"

【例】下面以图 6.8 所示内容为例，介绍单行文字及特殊字符的输入方法。

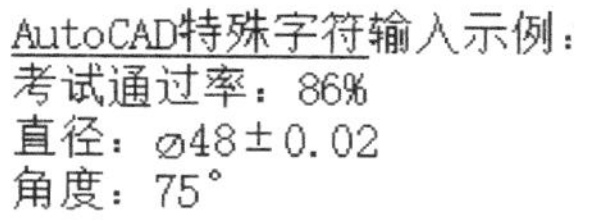

AutoCAD特殊字符输入示例：
考试通过率：86%
直径：∅48±0.02
角度：75°

图 6.8　特殊符号的输入

单击"绘图"→"文字"→"单行文字"命令，命令行提示及相应操作如下：

命令：_dtext　　　　　　　　　　　　　　　　　　//调用单行文字命令
当前文字样式："Standard"文字高度:2.5　注释性:否　//显示当前文字特性
指定文字的起点或[对正(J)/样式(S)]:　　　　　　//在绘图区域任意位置指定文字起点
指定高度<2.5>:7　　　　　　　　　　　　　　　//设置文字高度为 7
指定文字的旋转角度<0>:0　　　　　　　　　　　//设置旋转角度为 0
输入文字:%%UAutoCAD 特殊%%O 字符%%U 输入%%O 示例:↙
输入文字:考试通过率:86%%%↙
输入文字:直径:%%C48%%P 0.02 ↙
输入文字:角度 75%%D ↙
输入文字:↙　　　　　　　　　　　　　　　　　//按回车键退出命令

6.2　文字编辑

6.2.1　编辑文字内容

在 AutoCAD 2010 中可通过"编辑文字"命令或利用"在位文字编辑器"，更改单行文字和多行文字的内容，具体方法如下所述。

（1）命令调用

①工具栏：单击"文字"工具栏（图 6.9）上的"编辑文字"图标 。

图 6.9　"文字"工具栏

②菜单栏：单击"修改"→"对象"→"文字"→"编辑"。

③命令行：DDEDIT 或 ED ↙。

（2）操作步骤

单击"编辑文字"图标 ，命令行提示如下所述。

命令：_ddedit　　　　　//调用编辑文字命令
选择注释对象或[放弃(U)]:　//在绘图区域选择要编辑的文字

如图 6.10 所示，文字对象进入编辑状态，修改文字内容，按回车键两次退出命令。

计算机辅助设计

图 6.10　文字对象的可编辑状态

另外,AutoCAD 2005之后的版本支持"在位编辑"功能,双击文字对象,即可打开"在位文字编辑器",通过该编辑器可直接修改文字内容。

6.2.2　编辑文字特性

利用"修改特性"命令可以更改文字的颜色、图层、线型、高度、对正方式、文字样式等特性,具体方法如下所述。

（1）命令调用

①功能区:单击"视图"选项卡→"选项板"标签→"特性"按钮。

②工具栏:单击"标准"工具栏上的"特性"图标。

③菜单栏:单击"修改"→"特性"。

④快捷键:"Ctrl+1"。

（2）操作步骤

第1步:单击"特性"图标,弹出"对象特性管理器"对话框,如图6.11所示。

第2步:单击对话框中的"选择对象"按钮,命令行提示:"选择对象:"。

第3步:在绘图区域选择要编辑的文字对象并按回车键。

第4步:已选文字的"对象特性管理器"对话框如图6.12所示,利用该对话框可更改文字的颜色、图层、线型、内容、样式、对正等特性。

图6.11　"对象特性管理器"对话框

图6.12　已选文字的"对象特性管理器"对话框

除此之外,用户还可以先选择要编辑的文字对象,再打开"对象特性管理器",编辑效果同上。

6.3 创建表格

建筑图纸中通常需要绘制大量的明细表格,AutoCAD 2010 提供了一系列创建表格及修改表格的命令,用户不用绘制线段和文本来手动创建表格,从而提高绘图效率。同时,新版本的 AutoCAD 在表格处理方面功能变得更强大了,用户可以直接向表格中添加文字和块,还可以在单元格中使用公式。

6.3.1 新建表格样式

同文字注释一样,在创建表格之前,用户可以根据需求先新建表格样式,具体方法如下所述。

（1）命令调用

①功能区:单击"常用"标签→"注释"面板→"注释"下拉菜单,单击"表格样式"按钮 。

②菜单栏:单击"格式"→"表格样式"。

③命令行:TABLESTYLE 。

执行上述命令,弹出"表格样式"对话框,如图 6.13 所示。

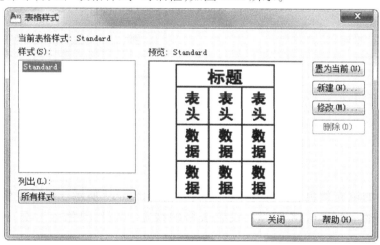

图 6.13 "表格样式"对话框

（2）操作步骤

第 1 步:单击"表格样式"按钮 ,弹出"表格样式"对话框。

第 2 步:在对话框中,单击"新建"按钮,弹出"创建新的表格样式"对话框,在"新样式名"文本框中输入表格样式的名称,如图 6.14 所示。

第 3 步:单击"新建"按钮,弹出"新建表格样式:明细表"对话框,如图 6.15 所示。

第 4 步:在该对话框中可以设置表格的方向:向上或向下。

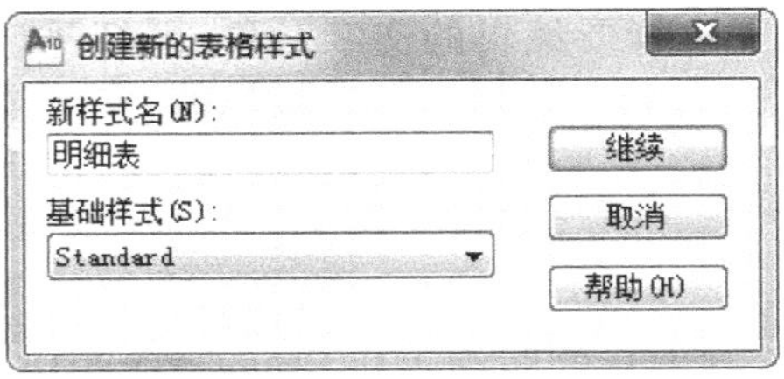

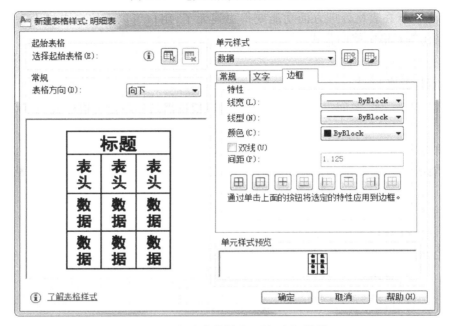

图 6.14 "创建新的表格样式"对话框

图 6.15 "新建表格样式:明细表"对话框

设置表格的单元样式,如图 6.16 所示。

图 6.16 设置表格的单元样式

设置表格的填充颜色、对齐方式等常规特性,如图 6.17 所示。设置表格的文字样式、文字高度等特性,如图 6.18 所示。设置表格的线宽、线型、颜色等边框特征,如图 6.19 所示。

第 5 步:设置完成后,单击"确定"按钮,返回到"表格样式"对话框。此时在对话框"样式"列表中将显示创建好的表格样式。

第 6 步:单击"关闭"按钮,关闭"表格样式"对话框。

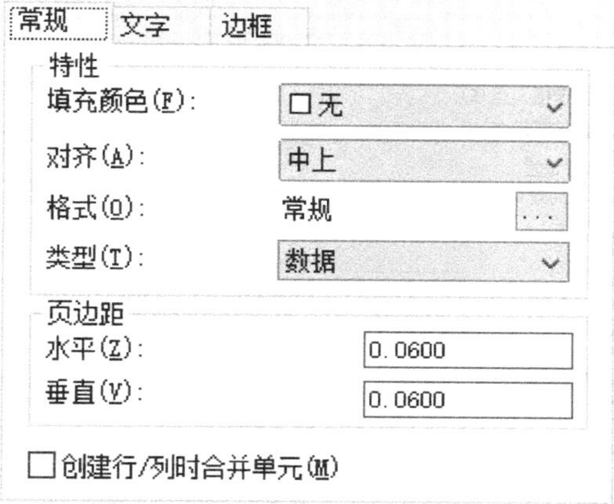

图 6.17　设置表格常规特性 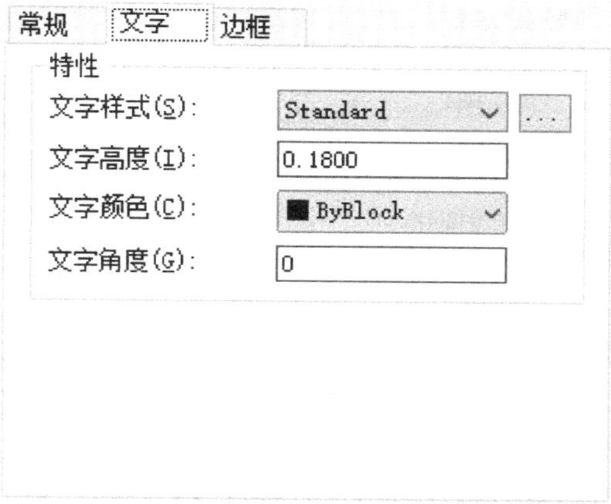　　　　　　　图 6.18　设置表格文字特性

图 6.19　设置表格边框特性

6.3.2　插入表格

（1）命令调用

①功能区：单击"注释"标签→"表格"面板→"表格"按钮  。

②菜单栏：单击"绘图"→"表格"。

③命令行：TABLE↙。

执行上述命令，均可打开"插入表格"对话框，如图 6.20 所示。利用该对话框可以在绘图区域指定位置创建表格，具体操作步骤如下所示。

（2）操作步骤

第 1 步：执行"创建表格"命令，弹出"创建表格"对话框。

第 2 步：在该对话框中，打开"表格样式列表"，选择相应表格样式。表格样式可以是默认表格样式，也可以是用户自定义的表格样式。

图6.20　"插入表格"对话框

第3步:设置插入方式:"指定插入点"或"指定窗口"。"指定插入点"选项用于在绘图区域中的某一点插入固定大小的表格,表格大小由"行和列设置"选项决定。"指定窗口"选项用于在绘图区域通过拖动表格边框来创建任意大小的表格,此时表格的"列宽"和"行数"不可设置。

第4步:设置表格的行数、列数以及行高和列宽。

第5步:单击"确定"按钮,在绘图区域指定创建表格的位置。

6.3.3　编辑表格

(1)编辑表格内容

如果要编辑表格内容,只需双击某个单元格,打开文字编辑器修改文字内容,然后关闭编辑器即可。如果要删除单元格的内容,只需选中该单元格,按"Delete"键即可。

(2)使用夹点编辑表格

选中表格、单元格或单元格区域后,可以看到表格的夹点,如图6.21所示。通过拖动这些夹点可以快速地移动表格位置,调整表格的行高和列宽。

①单击P1夹点并拖动:移动表格位置。

②单击P2夹点并左右拖动:调整表格各列的宽度。

③单击P3夹点并拖动:调整表格各行的高度。

④单击P4夹点并拖动:均匀调整表格各列的宽度。

⑤单击P5夹点并拖动:均匀调整表格各列的宽度和各行的高度。

另外,如果用户想要调整表格某一行的行高,先选中该行任意单元格,通过拖动其上下

姓名	系别	英语	哲学	计算机
李幸福	电子技术	86	89	97
张顺利	软件技术	78	87	65
王吉祥	信息工程	96	67	78
柳如意	软件技术	67	90	87

图 6.21　表格夹点示意图

夹点来调整该行行高。同理,如果要调整某一列的列宽,先选中该列任意单元格,通过拖动其左右夹点来调整该列列宽。

(3)使用"表格"工具栏编辑表格

选中表格、单元格或单元格区域后,在屏幕上会显示"表格"工具栏,如图 6.22 所示。通过该工具栏,可实现在表格中插入、删除行或列、合并和取消单元格、编辑单元边框、编辑数据格式和对齐等功能。

图 6.22　"表格"工具栏(只显示局部)

【例】下面以如图 6.23 所示的标题栏为例,介绍表格编辑的操作步骤。

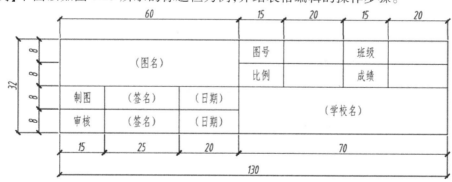

图 6.23　标题栏

第 1 步:单击"格式"→"表格样式",打开"表格样式"对话框。

第 2 步:单击"新建"命令,打开"创建新的表格样式"对话框,并在"新样式名"处输入"标题栏",如图 6.24 所示。

第 3 步:单击"继续"按钮,打开"新建表格样式:标题栏"对话框,设置数据单元格的文字样式为"长仿宋"、高度为 3,单击"确定"按钮,并在返回的对话框中选择"置为当前"。

第 4 步:执行"创建表格"命令,打开"插入表格"对话框,选择"表格样式"为"标题栏";

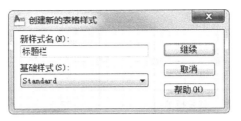

图 6.24　"创建新的表格样式"对话框

设置列数为 7 列,列宽为 15,行数为 2 行;设置第一、二、三行单元样式为数据,具体如图 6.25 所示。

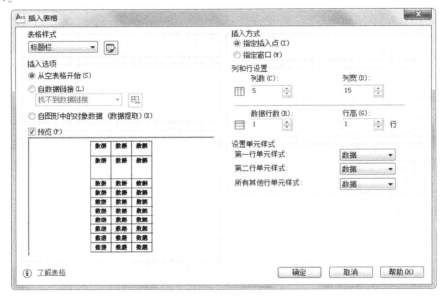

图 6.25　"插入表格"对话框

第 5 步:单击"确定"按钮,在绘图区域指定表格插入位置,插入的表格如图 6.26 所示。

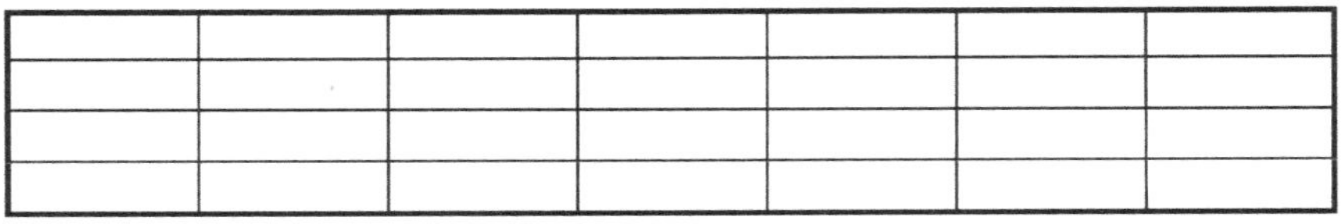

图 6.26　插入的 4×7 表格

第 6 步:合并单元格。选中要合并单元格的区域,弹出"表格"工具栏,在工具栏中选择"合并单元格"命令▦,合并后的表格如图 6.27 所示。

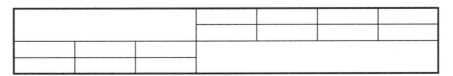

图 6.27　合并单元格后的表格

第7步:调整单元格行高和列宽。选中要调整行高和列宽的单元格区域,并打开"表格特性管理器"对话框("Ctrl+1"),在对话框中设置表格的行高和列宽,设置完成后效果如图6.28所示。

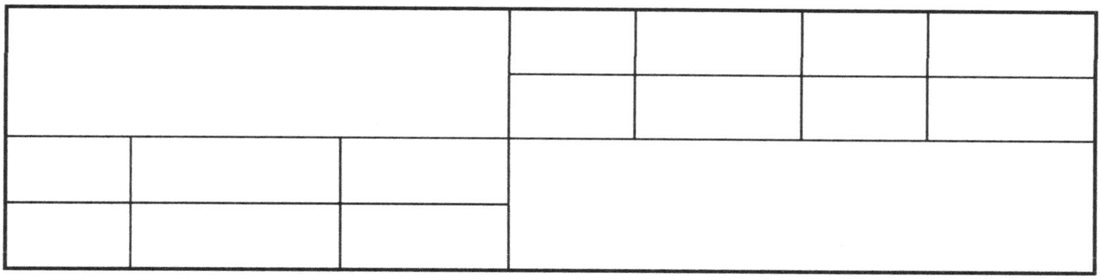

图6.28 设置行高和列宽后的表格

第8步:双击单元格,在表格中输入如图6.29所示的文字即可。

		图号		班级	
(图名)		比例		成绩	
制图	(签名)	(日期)	(学校名)		
审核	(签名)	(日期)			

图6.29 输入文字后的表格

6.4 尺寸标注基础知识

尺寸标注反映了图形对象的实际大小,是工程制图中不可或缺的组成部分。AutoCAD为用户提供了一套完整的尺寸标注命令,操作简单,使用方便。

6.4.1 尺寸标注的组成

在建筑制图中,一个完整的尺寸标注应由尺寸线、尺寸界限、尺寸起止符号和尺寸数字4部分组成,称为尺寸标注的4要素,如图6.30所示。

(1)尺寸线

尺寸线表示标注尺寸的方向和范围,通常用细实线绘制在尺寸界限之间,不得超出尺寸界限。在对角度标注时,尺寸线是一段圆弧。除此之外,尺寸线是一条与标注对象平行的直线。

(2)尺寸界限

尺寸界限通常与尺寸线相互垂直,表示标注尺寸的起止范围。应从图样的轮廓线、轴线或对称中心线引出,也可直接将轮廓线、轴线或对称中心线作为尺寸界限。

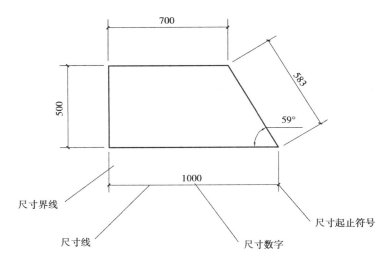

图 6.30　尺寸标注的组成

（3）尺寸起止符号

尺寸起止符号绘制在尺寸线的两端,用于标记尺寸测量的起始和终止位置。起止符号可以是箭头、短斜线或圆点,具体采用哪种标记样式应根据制图要求选择。我国建筑制图要求,尺寸起止符号应为倾斜45°的中粗短线,半径、直径、角度与弧长的尺寸起止符号应为实心箭头。

（4）尺寸数字

尺寸数字表示标注对象的实际长度,标记在尺寸线的上方或中断处。利用 AutoCAD 2010 进行尺寸标注时,可以自动得到尺寸数字,不需要手动计算。

6.4.2　尺寸标注的规则

（1）尺寸标注的基本规则

①图形大小以标注尺寸值为准,与绘图和输出的精度无关。

②当绘图单位不是毫米时,应明确标示出标注尺寸的单位。

③尺寸标注样式应遵循国家标准,同一图形中应统一标注样式。

④当尺寸数字与图线重合时,必须将图线断开。否则应调整尺寸标注的位置避免重合。

（2）AutoCAD 中尺寸标注的其他规则

①为尺寸标注建立专门的图层。合理创建图层,能提高绘图效率,达到事半功倍的效果。

②为尺寸文本建立专门的文字样式。如工程图中,尺寸数字的字体设置为"gbeitc.shx"。

③自定义尺寸标注样式。根据《房屋建筑制图统一标准》和《建筑制图标准》创建符合规范的尺寸标注样式。

④采用 1∶1比例绘图,标注尺寸时不需要换算,直接测量即可,节省绘图时间。

6.5　设置尺寸标注样式

　　在 AutoCAD 中,尺寸样式控制尺寸标注的格式和外观,在标注尺寸之前,用户应根据国家标准对尺寸样式进行设置,以便快速指定标注格式,确保符合行业标准。

6.5.1　新建尺寸标注样式

　　AutoCAD 2010 中新建尺寸标注样式是通过"标注样式管理器"对话框来完成的,打开该对话框有下述几种方法。

　　(1)命令调用

　　①功能区:单击"常用"标签→"注释"面板的下三角按钮 注释▼ ,打开如图 6.1 所示下拉菜单,单击"标注样式"按钮 。

　　②菜单栏:单击"格式"→"标注样式"。

　　③命令行:DIMSTYLE ↙ 。

　　执行上述命令,弹出"标注样式管理器"对话框,如图 6.31 所示。

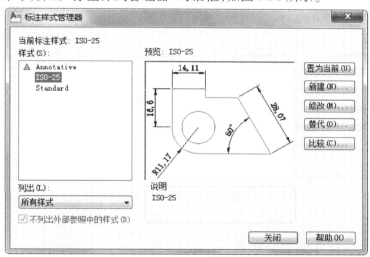

图 6.31　"标注样式管理器"对话框

　　(2)操作步骤

　　第 1 步:单击"标注样式"按钮 ,弹出"标注样式管理器"对话框。

　　第 2 步:在对话框中,单击"新建"按钮,打开"创建新标注样式"对话框,输入新样式名,如图 6.32 所示。

　　第 3 步:单击"继续"按钮,打开"新建标注样式:样式一"对话框,如图 6.33 所示。该对话框包含"线""符号和箭头""文字""调整""主单位""换算单位""公差"7 个选项卡,下面分别介绍各选项卡的设置。

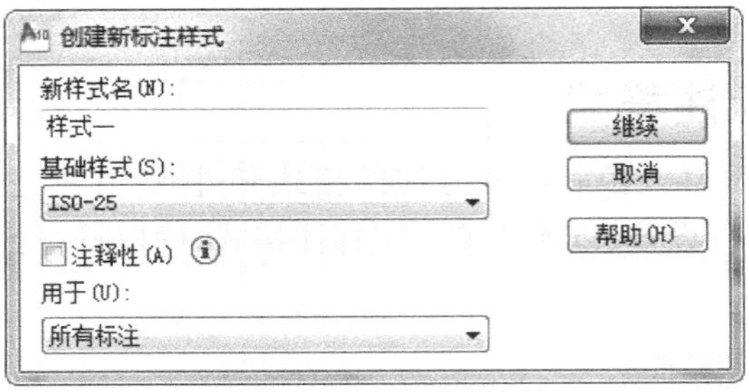

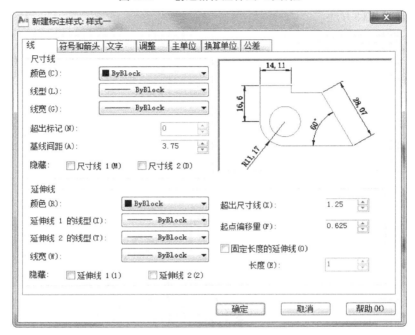

图 6.32　"创建新标注样式"对话框

图 6.33　"线"选项卡

6.5.2　标注样式各选项卡的设置

（1）"线"选项卡

在"新建标注样式:样式一"对话框中选择"线"选项卡,如图 6.33 所示。该选项卡由"尺寸线"和"尺寸界线"两部分组成,用于控制尺寸线及尺寸界线的外观特性。

下面介绍选项卡中部分选项的含义。

①"尺寸线"选项组。

●颜色:该下拉列表框用于设置尺寸线的颜色。通常为随块(ByBlock),即随着块颜色的变化而变化。

●线型:设置尺寸线的线型,默认为随块(ByBlock)。

●线宽:设置尺寸线段的宽度,默认为随块(ByBlock)。

●超出标记:当尺寸箭头采用倾斜或建筑标记(／)时,尺寸线超过尺寸界线的距离,如图 6.34 所示。

● 基线间距:用于控制基线标注时,尺寸线之间的距离,如图 6.35 所示。

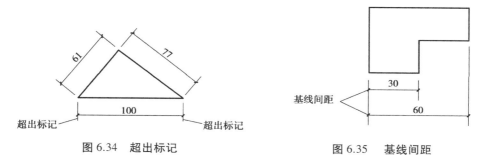

图 6.34 超出标记   图 6.35 基线间距

● 隐藏:用于设置是否显示尺寸线,各选项对应效果如图 6.36 所示。

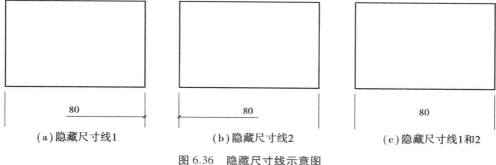

(a)隐藏尺寸线1   (b)隐藏尺寸线2   (c)隐藏尺寸线1和2

图 6.36 隐藏尺寸线示意图

②"延伸线"选项组。

● 超出尺寸线:指定延伸线超出尺寸线的距离,如图 6.37 所示。

● 起点偏移量:设置自图形中定义标注的点到延伸线的偏移距离,如图 6.37 所示。

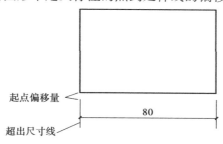

图 6.37 "起点偏移量"和"超出尺寸线"

(2)"符号和箭头"选项卡

在"新建标注样式:样式一"对话框中选择"文字"选项卡,如图 6.38 所示。

下面介绍选项卡中部分选项的含义。

"箭头"选项组。

● 第一个(T):设置第一条尺寸线的箭头样式。在建筑制图直线形标注中,箭头样式通常采用☑建筑标记样式。圆形和角度形标注时,采用▣实心闭合样式。

● 第二个(D):设置第二条尺寸线的箭头样式,同第一个。

(3)"文字"选项卡

在"新建标注样式:样式一"对话框中选择"文字"选项卡,如图 6.39 所示。

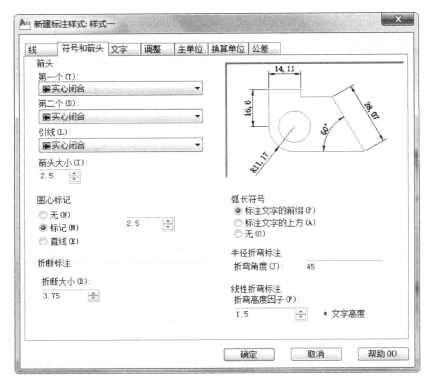

图 6.38 "符号和箭头"选项卡

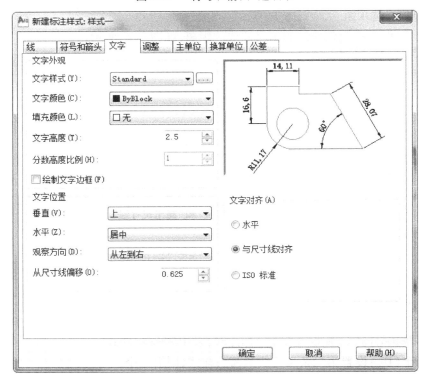

图 6.39 "文字"选项卡

下面介绍选项卡中部分选项的含义。

①"文字外观"选项组。该选项组用于设置标注文字的样式、颜色、高度等特性。

● 文字样式:用于设置标注文字的样式,该样式可以是系统定义的文字样式,也可以是用户自定义的文字样式。

● 文字颜色:从下拉列表中选择文字颜色。

● 填充颜色:设置标注中文字背景的颜色,默认为无颜色。

● 文字高度:设置当前标注文字样式的高度。如果在"文字样式"对话框中设置了高度值,那么此处的文字高度无效。

● 分数高度比例:设置相对于标注文字的分数比例。只有尺寸样式的单位格式设置为"分数"时,此选项才可用。

● □绘制文字边框(f):是否在文字四周绘制边框。选中表示要绘制,未选中表示不绘制。

②"文字位置"选项组。该选项组用于设置标注文字的位置。

● 垂直:控制标注文字相对尺寸线的垂直位置,效果如图 6.40 所示。

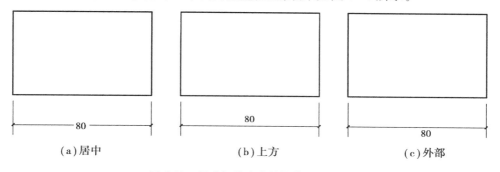

图 6.40 尺寸标注文字位置的垂直效果

● 水平:控制标注文字在尺寸线上相对于延伸线的水平位置,效果如图 6.41 所示。

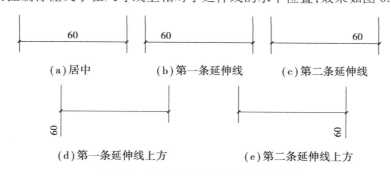

图 6.41 尺寸标注文字位置的水平效果

● 从尺寸线偏移:控制尺寸文本和尺寸线之间的距离,效果如图 6.42 所示。

③"文字对齐"选项组。该选项组共包含"水平""与尺寸线对齐""ISO 标准"3 个选项,每个选项的效果如图 6.43 所示。

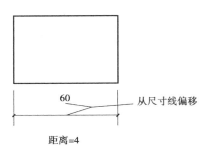

图 6.42 从尺寸线偏移

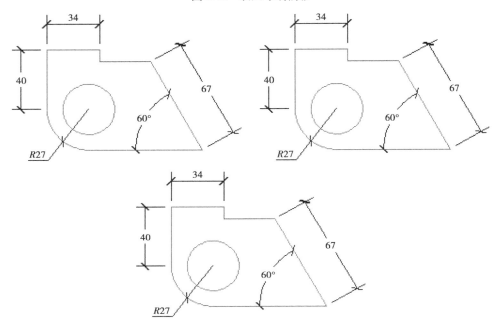

图 6.43 "文字对齐"选项组

（4）"调整"选项卡

在"新建标注样式:样式一"对话框中选择"调整"选项卡,如图 6.44 所示。下面介绍选项卡中部分选项的含义。

①"调整选项"组。该选项组用于控制延伸线之间文字和箭头的位置。当延伸线之间的空间足够大时,文字和箭头都放在延伸线内。否则,将按照"调整选项"的设置放置文字和箭头。例如,选择"文字"时,当延伸线之间空间不够时,那么文字首先从延伸线中移出,然后移动尺寸线,效果如图 6.45 所示。

②"文字位置"选项组。设置文字不在默认位置的情况下,标注文字的位置。例如当延伸线之间空间较小时,文字被移动到延伸线外时,此时可以设置文字位置在尺寸线旁边或尺寸线上方,带引线或不带引线,效果如图 6.46 所示。

③"标注特征比例"选项组。该选项组用于设置全局标注比例值或图纸空间比例。其中,"使用全局比例"是指为所有标注样式设置一个比例,这些设置指定了大小、距离或间距,包括文字和箭头大小,但不影响标注的测量值。该比例值与出图比例相关。

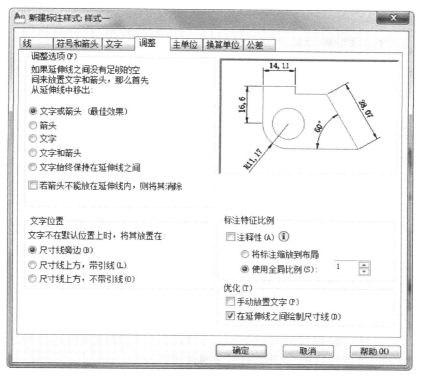

图 6.44 "调整"选项卡

（5）"主单位"选项卡

在"新建标注样式"对话框中选择"文字"选项卡，如图 6.47 所示。该选项卡用于设置主标注单位（线性标注和角度标注）的格式和精度以及标注文字

图 6.45 "文字和箭头"调整效果

的前缀和后缀。在建筑制图中通常将线性标注的单位精度设置为 0，其余采用默认值。

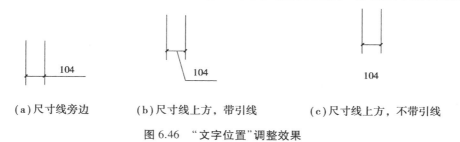

（a）尺寸线旁边　　（b）尺寸线上方，带引线　　（c）尺寸线上方，不带引线

图 6.46 "文字位置"调整效果

6.5.3 设置常用建筑制图尺寸标注样式

AutoCAD 中的标注样式往往不能满足实际工程图的需求，因此用户要根据我国制图要求和行业标准创建标注样式。下面以建筑制图中常用的线性尺寸标注样式、圆形标注样式、角度标注样式为例，介绍建筑尺寸标注样式的设置方法。

（1）建筑线性尺寸标注样式

打开"标注样式管理器"对话框，单击"新建"按钮，弹出"创建新标注样式"对话框。在

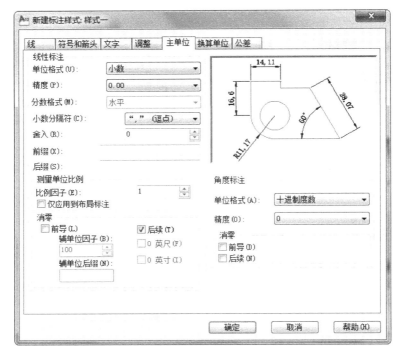

图 6.47 "主单位"选项卡

对话框的"新样式名"中输入"建筑线性"。然后设置"新建表格样式:建筑线性"对话框的各选项组,设置内容如图 6.48 所示。

图 6.48 创建"建筑线性标注样式"对话框

● "线"选项卡:设置"基线间距"为 8、"超出尺寸线"为 3、"起点偏移量"为 2,其余选项默认。

● "符号和箭头"选项卡:设置箭头为"建筑标记",其余选项默认。

● "文字"选项卡:设置字体为"gbeitc.shx","从尺寸线偏移"为 1,其余选项默认。

● "调整"选项卡:根据绘图比例设置"使用全局比例"文本框的值。

● "主单位"选项卡:设置线性标注的单位"精度"为 0。

(2)圆形尺寸标注样式

建筑圆形尺寸与角度尺寸的标注样式,大部分设置同线性标注样式的设置一样,最主要的区别是"符号与箭头"选项卡中"箭头"的设置。圆形尺寸标注中"箭头样式"选择 实心闭合;"调整"选项卡中,"调整选项"选择"箭头","优化"选择"手动放置文字"和"在尺寸界限之间绘制尺寸线",其余设置同线性标注样式。

（3）角度尺寸标注样式

角度尺寸标注中"箭头样式"选择 ■实心闭合 ；"文字"选项卡中，"文字对齐"选"水平"方式，其余设置同线性标注样式。

6.6 尺寸标注

AutoCAD 2010 提供了一套完整的标注工具用于标注图形对象。使用它们可以进行线性、对齐、连续、直径、半径、圆心、角度及基线等标注。

6.6.1 直线形尺寸标注

长度型尺寸是工程制图中最常见的尺寸,它包括水平尺寸、垂直尺寸、对齐尺寸、基线标注和连续标注,下面分别介绍这几种尺寸的标注方法。

（1）线性标注

线性标注是指使用水平、垂直或旋转的尺寸线创建的直线型标注。这些标注可以堆叠或首尾相接地创建。

①命令调用。

a.功能区:单击"常用"标签→"注释"面板→"线性标注"按钮 |⊢线性 。

b.菜单栏:单击"标注"→"线性"。

c.命令行:DIMLINEAR 或 DLI ↙。

②操作步骤。

【例】下面以图 6.49 为例,说明水平标注及垂直标注的操作步骤。

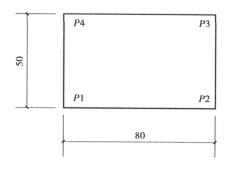

图 6.49 水平、垂直标注

命令:_dimlinear　　　　　　　　　　　　//调用线性标注命令

指定第一条延伸线原点或<选择对象>:　　　//捕捉长方形的 P1 点

指定第二条延伸线原点:　　　　　　　　　//捕捉长方形的 P2 点

指定尺寸线位置或

［多行文字（M）/文字（T）/角度（A）/水平（H）/垂直（V）/旋转（R）］:

　　　　　　　　　　　　　　　　　　　//指定尺寸线位置

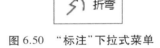

标注文字＝80　　　　　　　　　　　　　　　//得到 $P1P2$ 边的标注尺寸

垂直方向的尺寸标注方法同上,标注后如图6.49所示。

③选项说明。

● "多行文字(M)"选项:用于编辑文字。输入"M"并按回车键,打开"多行文字编辑器",用户可以通过该编辑器修改文字内容。

● "文字(T)"选项:输入"T"并按回车键,然后通过命令行输入尺寸文字。

● "角度(A)"选项:用于旋转文字。输入"A"并按回车键,然后输入文字角度。

● "水平(H)"选项:输入"H"并按回车键,强制标注两点间的水平尺寸。

● "垂直(V)"选项:输入"V"并按回车键,强制标注两点间的垂直尺寸。

● "旋转(R)"选项:用于旋转尺寸延伸线。输入"R"并按回车键,然后输入尺寸线角度。

(2)对齐标注

对齐标注可以创建与指定位置或对象平行的标注,通常用于对斜面或斜线进行尺寸标注。

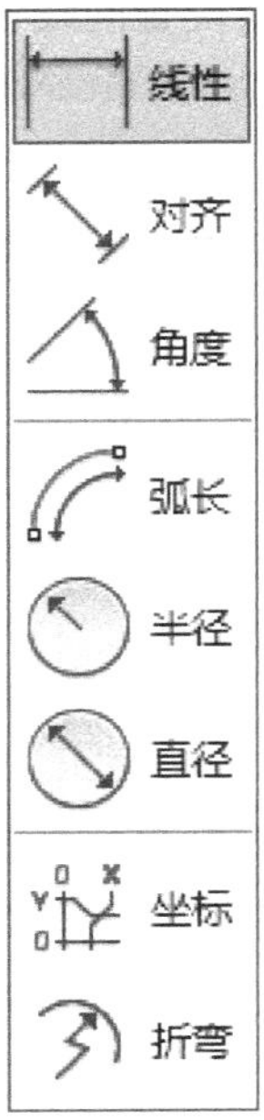

图6.50　"标注"下拉式菜单

①命令调用。

a.功能区:单击"常用"标签→"注释"面板→"标注"下拉式菜单(见图6.50)→"对齐"按钮 。

b.菜单栏:单击"标注"→"对齐"。

c.命令行:DIMALIGNED 或 DAL 。

②操作步骤。

【例】下面以图6.51为例,说明对齐标注的操作步骤。

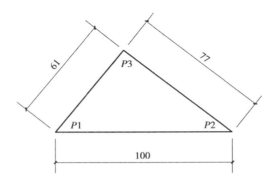

图6.51　对齐标注

命令:_dimaligned　　　　　　　　　　　　　//调用对齐标注命令

指定第一条延伸线原点或<选择对象>：　　　　　　//捕捉三角形的 $P1$ 点

指定第二条延伸线原点：　　　　　　　　　　　　//捕捉三角形的 $P3$ 点

指定尺寸线位置或[多行文字(M)/文字(T)/角度(A)]://在绘图区域指定尺寸线位置

标注文字＝61　　　　　　　　　　　　　　　　　//得到 $P1P3$ 边的标注尺寸

三角形其余两条边的标注方法同上,标注后如图6.51所示。

（3）基线标注

基线标注是从上一个标注尺寸或选定标注尺寸对象的基线处创建的一系列相关标注。这些标注可以是线性标注、角度标注或坐标标注。

①命令调用。

a.功能区:单击"注释"标签→"标注"面板→"连续"下拉式菜单→"基线"按钮⊟。

b.菜单栏:单击"标注"→"基线"。

c.命令行:DIMBASELINE 或 DBA ↙。

②操作步骤。

【例】下面以图6.52为例,说明基线标注的操作步骤。

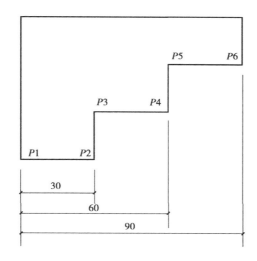

图6.52　基线标注

第1步:线性标注。单击⊢按钮执行线性标注,命令行提示如下。

命令:_dimlinear　　　　　　　　　　　　//调用线性标注命令

指定第一条延伸线原点或<选择对象>：　　//捕捉图形中的 $P1$ 点

指定第二条延伸线原点：　　　　　　　　　//捕捉图形中的 $P2$ 点

指定尺寸线位置或

[多行文字(M)/文字(T)/角度(A)/水平(H)/垂直(V)/旋转(R)]：

　　　　　　　　　　　　　　　　　　　　//指定尺寸线位置

标注文字＝30　　　　　　　　　　　　　　//得到 $P1P2$ 边的标注尺寸

第2步:基线标注。单击⊟按钮执行基线标注,命令行提示如下。

命令:_dimbaseline　　　　　　　　//调用基线标注命令

指定第二条延伸线原点或［放弃（U）/选择（S）］<选择>://捕捉图形中 *P*4 点

标注文字=60

指定第二条延伸线原点或［放弃（U）/选择（S）］<选择>://捕捉图形中 *P*6 点

标注文字=120

↙ ↙   //按回车键两次,退出命令

标注效果如图 6.52 所示。

提示:基线标注默认从上一个标注的基线处开始创建标注,而如果当前任务中未创建任何标注,则将提示用户选择线性标注、坐标标注或角度标注,以用作连续标注的基准。

除了线性标注外,图 6.53 所示的角度标注也可以采用基线标注。方法同上类似,第 1 步选择角度标注,第 2 步选择基线标注即可。

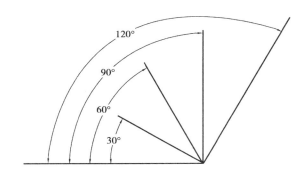

图 6.53   角度基线标注

（4）连续标注

连续标注是从上一个标注尺寸或选定标注尺寸对象的第二条尺寸界线处,创建的一系列相关标注,它是首尾相连的多个标注。

①命令调用。

a.功能区:单击"注释"标签→"标注"面板→"连续"按钮。

b.菜单栏:单击"标注"→"连续"。

c.命令行:DIMCONTINUE 或 DCO ↙。

②操作步骤。

【例】下面以图 6.54 为例,说明连续标注的操作步骤。

第 1 步:线性标注。单击⊢按钮执行线性标注,命令行提示如下。

命令:_dimlinear   //调用线性标注命令

指定第一条延伸线原点或<选择对象>:   //捕捉图形中的 *P*1 点

指定第二条延伸线原点: //捕捉图形中的 *P*2 点

指定尺寸线位置或

［多行文字（M）/文字（T）/角度（A）/水平（H）/垂直（V）/旋转（R）］:

                //指定尺寸线位置

标注文字=30   //得到 *P*1*P*2 边的标注尺寸

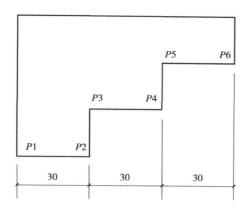

图 6.54 连续标注

第 2 步:连续标注。单击按钮执行连续标注,命令行提示如下。

命令:_dimcontinue   //调用连续标注命令

指定第二条延伸线原点或[放弃(U)/选择(S)]<选择>:   //捕捉图形中 P4 点

标注文字=30

指定第二条延伸线原点或[放弃(U)/选择(S)]<选择>:   //捕捉图形中 P6 点

标注文字=30

↙↙   //按回车键两次,退出命令

标注效果如图 6.54 所示。

6.6.2 圆形尺寸标注

(1)半径标注

半径标注用于标注圆或圆弧的半径,如图 6.55 所示。

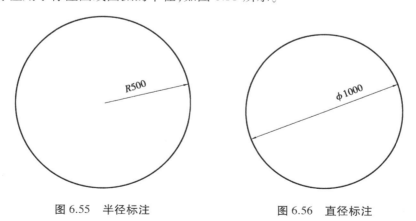

图 6.55 半径标注   图 6.56 直径标注

①命令调用。

a.功能区:单击"常用"标签→"注释"面板→"标注"下拉式菜单→◎半径按钮。

b.菜单栏:单击"标注"→"半径"。

c.命令行:DIMRADIUS 或 DRA ✐。

②操作步骤。

单击◎^{半径}标注按钮,命令行提示如下。

命令:_dimradius   //调用半径标注命令

选择圆弧或圆: //在绘图区域选择要标注的圆弧或圆

标注文字 = 500   //测量出的半径长度

指定尺寸线位置或[多行文字(M)/文字(T)/角度(A)]:   //指定尺寸线位置并退出

(2)直径标注

直径标注用于标注圆或圆弧的直径,如图 6.56 所示。

①命令调用。

a.功能区:单击"常用"标签→"注释"面板→"标注"下拉式菜单→◎^{直径}按钮。

b.菜单栏:单击"标注"→"直径"。

c.命令行:DIMDIAMETER 或 DDI ✐。

②操作步骤。

单击◎^{直径}标注按钮,命令行提示如下。

命令:_dimdiameter   //调用直径标注命令

选择圆弧或圆: //在绘图区域选择要标注的圆弧或圆

标注文字 = 1000   //测量出的直径长度

指定尺寸线位置或[多行文字(M)/文字(T)/角度(A)]:   //指定尺寸线位置并退出

6.6.3 角度尺寸标注

角度标注用于标注两条直线或 3 个点之间的角度,如图 6.57 所示。

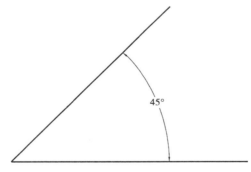

图 6.57   角度标注

(1)命令调用

①功能区:单击"常用"标签→"注释"面板→"标注"下拉式菜单"角度"按钮△^{角度}。

②菜单栏:单击"标注"→"角度"。

③命令行:DIMANGULAR 或 DAN ✐。

(2)操作步骤

单击角度标注按钮△^{角度},命令行提示如下。

命令:_dimangular   //调用角度标注命令

选择圆弧、圆、直线或<指定顶点>:   //选择要标注的对象

选择第二条直线: //选择要标注对象的另一条边

指定标注弧线位置或［多行文字(M)/文字(T)/角度(A)/象限点(Q)］:

                             //指定尺寸线位置

标注文字=45   //测量出的角度值

6.6.4　快速标注

快速标注命令用于同时对多个选定对象进行标注。此命令适宜于创建一系列基线或连续标注,或者为一系列圆或圆弧创建标注。例如,在对建筑平面图的轴网进行标注时,使用快速标注特别有用。

(1)命令调用

①功能区:单击"注释"标签→"标注"面板→"快速标注"按钮。

②菜单栏:单击"标注"→"快速标注"。

③命令行:QDIM ↙。

(2)操作步骤

单击快速标注按钮,命令行提示如下。

命令:_qdim   //调用快速标注命令

关联标注优先级=端点

选择要标注的几何图形: //可以单选、窗口或交叉窗口等方式选择要标注的对象

选择要标注的几何图形:找到 3 个,总计 3 个

选择要标注的几何图形:↙   //按回车键,结束选择对象

指定尺寸线位置或

［连续(C)/并列(S)/基线(B)/坐标(O)/半径(R)/直径(D))/基准点(P)/编辑(E)/设置(T)］(连续):   //指定尺寸线位置并退出

(3)选项说明

●"连续(C)""并列(S)""基线(B)""坐标(O)""半径(R)""直径(D)"选项:用于创建一系列连续、并列、基线、坐标、半径和直径标注。

●"基准点(P)"选项:为基线标注、坐标标注设置新的基准点。

●"编辑(E)"选项:编辑一系列标注,在现有标注中添加或删除点。

●"设置(T)"选项:为指定尺寸界线原点设置默认对象捕捉,即设置关联标注优先级为端点或交点。

6.7 编辑尺寸标注

6.7.1 编辑标注

"编辑标注"命令 ┗┛用于编辑尺寸文本的内容、位置、旋转角度以及尺寸延伸线的倾斜角度。

（1）命令调用

①工具栏：单击"标注"工具栏（见图 6.58）上的 ┗┛图标。

②命令行：DIMEDIT 或 DED ↙。

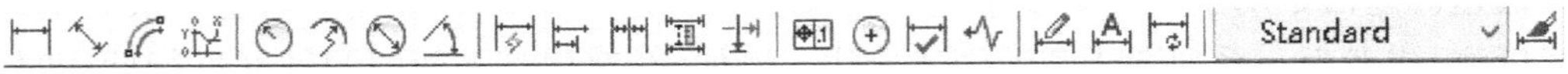

图 6.58 标注工具栏

（2）操作步骤

单击"编辑标注"按钮 ┗┛，命令行提示如下。

命令：_dimedit   //调用编辑标注命令

输入标注编辑类型：[默认（H）/新建（N）/旋转（R）/倾斜（O）]<默认>：

选择对象：找到 1 个   //选择要编辑的标注尺寸

↙   //按回车键结束命令

（3）选项说明

- "默认（H）"选项：将尺寸文本移动到默认位置。
- "新建（N）"选项：更改尺寸文本的内容。
- "旋转（R）"选项：将尺寸文本旋转到指定角度，如图 6.59（a）所示。
- "倾斜（O）"选项：将尺寸延伸线倾斜到指定角度，如图 6.59（b）所示。

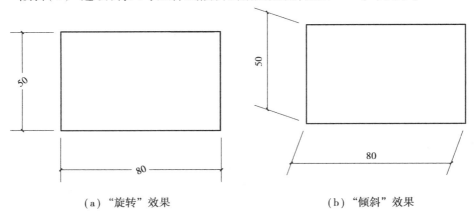

（a）"旋转"效果   （b）"倾斜"效果

图 6.59 "编辑标注"的效果

6.7.2 编辑标注文字

"编辑标注文字"命令 ┗┛用于调整现有标注文字的位置及方向。

（1）命令调用

①工具栏：单击"标注"工具栏上的 图标。

②命令行：DIMTEDIT ↙。

（2）操作步骤

单击"编辑标注文字"按钮 ，命令行提示如下。

命令：_dimtedit   //调用编辑标注文字命令

选择标注：   //选择要编辑的标注尺寸

为标注文字指定新位置或［左对齐（L）/右对齐（R）/居中（C）/默认（H）/角度（A）］：

↙   //按回车键结束命令

（3）选项说明

•"左对齐（L）""右对齐（R）""居中（C）"选项：用于设置尺寸文字在尺寸线上的位置，具体效果如图 6.60 所示。

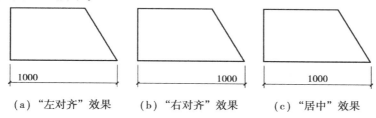

  （a）"左对齐"效果 （b）"右对齐"效果 （c）"居中"效果

图 6.60 编辑标注文字的位置效果

•"默认（H）"选项：将标注文字移到默认位置。

•"角度（A）"选项：将标注文字旋转至指定角度，效果如图 6.61 所示。

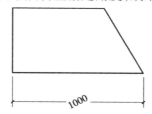

图 6.61 编辑标注文字的角度效果

本章小结

本章详细介绍了 AutoCAD 2010 中文字、表格、尺寸注释的相关内容。主要包含新建文字样式、单输入与编辑行文字及多行文字、设置表功样式、创建与修改表格、新建尺寸标注样式、标注各类尺寸、编辑尺寸等内容。重点在于多行文字的创建、表格的夹点编辑以及各类尺寸的标注方法。通过本章的学习，应熟练掌握如何在图形中添加技术说明、绘制明细表、标题栏、正确标注图形对象。

习题与实训

一、选择题

1.以下创建文字样式的命令是(　　　)。

A.Line　　　　　　　B.Style　　　　　　　C.Mtext　　　　　　　D.Pedit

2.在 AutoCAD 文字工具中,用于输入直径符号的命令是(　　　)。

A.%%U　　　　　　　B.%%P　　　　　　　C.%%O　　　　　　　D.%%C

3.半径尺寸标注的标注文字的默认前缀是(　　　)。

A.D　　　　　　　B.R　　　　　　　C.Rad　　　　　　　D.Radius

4.AutoCAD 中包括的尺寸标注类型有(　　　)。

A.线性标注　　　　　　B.角度标注　　　　　　C.直径标注　　　　　　D.半径标注

5.以下用于创建多行文字的命令是(　　　)。

A.Dtext　　　　　　　B.Style　　　　　　　C.Mtext　　　　　　　D.Pline

6.一个完整的尺寸标注通常由尺寸线、(　　　)、尺寸箭头和尺寸文本 4 部分组成。

A.尺寸数字　　　　　　B.尺寸界限　　　　　　C.尺寸单位　　　　　　D.尺寸符号

7.创建长仿宋字体时,应在"文在样式"对话框中,选择字体为"仿宋 GB_2312",并设置 (　　　)为 0.67。

A.高度　　　　　　　B.宽度比例　　　　　　C.倾斜角度　　　　　　D.字体效果

二、实训绘图

1.在 AutoCAD 中利用 Table 命令绘制如图 6.62 所示表格。

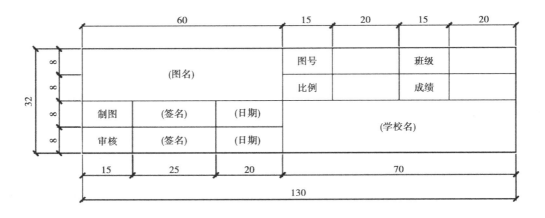

图 6.62　表格示例图

2.画出如图 6.63 所示建筑平面图,并标注尺寸。

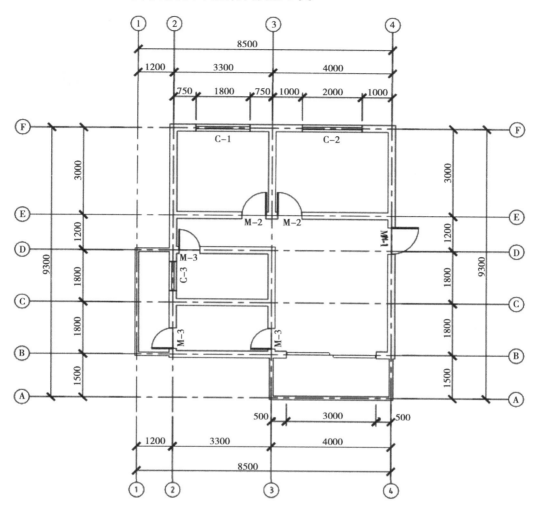

图 6.63 建筑平面图

第7章

建筑施工图的绘制

【知识提要】

　　熟练利用 AutoCAD 绘制建筑施工图是 AutoCAD 建筑制图课程的目标之一，也是对 AutoCAD各种绘图命令与操作技能熟练掌握的综合体现。本章主要讲解内容是建筑施工图中的最重要组成部分：平面图、立面图、剖面图的绘制方法与技巧的讲解。

【学习目标】

　　能综合应用 AutoCAD 各种绘图命令与操作技巧，并结合建筑制图的相关规范，快速完成建筑平面图、立面图、剖面图的绘制。

7.1　绘制建筑平面图

7.1.1　建筑平面图概述

（1）建筑平面图概念

建筑平面图是建筑施工图的基本样图，它是假想用一水平的剖切面沿门窗洞位置将房屋剖切后，对剖切面以下部分所作的水平投影图。它反映出房屋的平面形状、大小和布置，墙、柱的位置、尺寸和材料，门窗的类型和位置等。它是建筑工程施工图最重要的图形，建筑平面图的绘制也是学习 AutoCAD 建筑制图课程最重要的内容。

 特别提示

建筑平面图是剖切的水平投影图，所以平面图的墙线要用粗实线来表现。

（2）建筑平面图的常见类型

建筑平面图主要分为首层平面图、标准层平面、屋顶层平面图 3 种平面图。

● 首层平面图：也称底层平面图，一般是指建筑物的入口层，它表示第一层平面图、建筑入口、门厅及楼梯。在绘制首层平面图时，要注意入口大门、台阶、坡道、散水、楼梯的绘制方法。

● 标准层平面图：主要是指当建筑物的中间几层平面布置完全相同时，只需要用一个平面图表示，这种平面图称为标准层平面图。

● 屋顶层平面图：是指屋顶平面的水平投影。

 说明

对于不上人屋顶的建筑物，在绘制施工图时，一般还需绘制一幅顶层平面图。它是指房屋建筑物的最高层平面布置图，这个顶层平面图与标准层平面图区别主要在于楼梯的绘制不同，而对于上人屋顶的建筑，这时的顶层平面常与标准层平面是相同的。

（3）建筑平面图绘制的主要内容

建筑平面图绘制的主要内容有以下几个方面：

①建筑物及其组成房间的名称、尺寸、轴线及轴号标注和墙线。

②走廊、楼梯位置及尺寸。

③门窗位置、尺寸及编号，门的代号是 M，窗的代号是 C。在代号后面写上编号，同一编号表示同一类型的门窗。如 M-1，C-1，对于编号也可以用门窗的宽度参数来标注，如 C1800 表明窗的宽度为 1 800 mm。

④台阶、阳台、雨篷、散水的位置及细部尺寸。

⑤室内地面的高度。

⑥首层地面上应画出剖面图的剖切位置线，以便与剖面图对照查阅。

7.1.2 AutoCAD 绘制建筑平面图主要的相关规范和基本要求

建筑平面图的制图规范和要求,可以参考建筑制图统一标准 GB 50104—2010 和房屋建筑制图统一标准 GB 50001—2010 及其他相关标准与规范。

(1)比例

建筑平面图常用比例有 1∶50、1∶100、1∶150、1∶200、1∶300,现在学习时一般以 1∶100 为例进行绘制。

 特别提示

　　AutoCAD 是以实际长度绘制,这不同于人工绘制时先按比例地缩小绘制。

---

(2)轴线与轴号

● 轴线的线型选择:单点长画线,可以选择 ACAD_ISOO4W100 或 Center。

● 轴号:开间的轴号用阿拉伯数字编写,从左至右顺序编写,进深轴号应用大写拉丁字母,从下至上顺序编写。其绘制最好应用块的操作方法来完成,当然在实际绘制中或一次性的考试过程中,也可以复制的方法来完成。轴网的尺寸标注以及尺寸线之间的间距等要符合相关的标准与规范。

(3)线型与线宽

建筑平面图的线宽要符合线宽组的相关规定,特别是要体现粗线、中粗线、细线的基本要求。

常见的线型有下述几种:

● 粗实线:剖切到的墙体轮廓、剖切符号、详图符号等。

● 中实线:门窗洞、楼梯梯段及栏杆扶手、可见的女儿墙压顶、泛水、尺寸起止符号等。

● 细实线:门、窗扇及其分格线、雨水管、家具、洁具、尺寸线、尺寸界线、标高符号、索引符号、填充等。

● 点画线:轴线、辅助线等。

● 虚线:表示不可见部分,如埋入墙中的管线等。

(4)尺寸标注

尺寸单位,除标高及总平面以米为单位外,其余必须以毫米为单位,尺寸宜标注在图样轮廓以外,不宜与图线、文字及符号等相交。绘图时,较小尺寸应离轮廓线较近,较大尺寸应离轮廓线较远。注意三道尺寸的标注以及它们之间的间距要符合相关制图规范,最远一道尺寸为总尺寸;中间尺寸为定位尺寸,即轴线尺寸;最靠近平面图的为细部尺寸,即门窗等细节尺寸。

(5)标高标注

建筑制图的标高,一般是指相对标高,在建筑平面图绘制中应注明室内、室外部分的地面、楼面、楼梯休息平台面、阳台面、屋顶檐口顶面、雨棚等的标高。

在施工图中经常有一个小小的直角等腰三角形,三角形的尖端或向上或向下,用细实线绘制、高为 3 mm 的等腰直角三角形,这就是指的标高符号。建筑 CAD 绘制标高符号时,可以建立标高块,利用块的操作方法来完成。

标高标注时还需要注意以下几点：

①总平面图室外地面标高符号为涂黑的等腰直角三角形。

②首层平面图中室内主要地面的零点标高注写为±0.000。低于零点标高的为负标高，标高数字前加"−"号，如−0.450。高于零点标高的为正标高，标高数字前可省略"+"号，如3.000。

③在标准层平面图中，同一位置可同时标注几个标高，表明所标的标高楼层的平面图都与标准层相同。

④标高符号的尖端应指向被标注的高度位置，尖端可向上，也可向下。

⑤标高的单位：米。

（6）建筑制图常见的符号标注

①剖切符号：剖切符号绘制在一层平面，剖切符号应由剖切位置线及投射方向线组成。剖切位置线的长度宜为6~10 mm，投射方向线应垂直于剖切位置线，长度应短于剖切位置线，宜为4~6 mm。

②索引符号：索引符号是由直径为10 mm 的圆和水平直线组成，圆及水平直线均应以细实线绘制。

③引出线：引出线应以细实线绘制，宜采用水平方向的直线、与水平方向成30°、45°、60°、90°的直线。

④指北针：指北针用细实线绘制，圆的直径为24 mm，注明"北"或者"N"指针尾部宽度应为3 mm，需要用较大的直径绘制指北针时，指针尾部宽度应为直径的1/8。

⑤折断线：在绘制的物体比较长时，而中间的形状相同，这时就不用全部绘制出来，只要绘制两端的效果即可，中间不用绘制，这时就可以绘制一个折断符号。

7.1.3 建筑平面图绘制基本步骤与流程

①绘图前的基本设置，并新建立或利用已有的建筑图样板文件。

- 单位：建筑用图，以毫米为单位，精确到整数。
- 图层：建筑图中常见图层设置，线型、线宽、颜色的设置。
- 图形界线：用建筑图的实际长度来绘图。
- 标注样式设置。
- 文字样式设置。

②绘制定位轴线，并对轴网尺寸与轴号进行标注与绘制。

③用 ML 命令绘制墙线，并完成多线编辑，绘制阳台，柱子并对柱子填充。

④门与窗的绘制，先开门洞与窗洞，用外部块的方式，分别完成门与窗的绘制。

⑤做图案填充与室内布置。

⑥进行部分的文字标注与尺寸标注，以及各种符号的标注。

⑦如果是对称图形，则进行镜像操作，教学与测试一般是使用对称的图形。

⑧绘制楼梯、电梯，完成标准层的其他操作。

⑨完成首层平面图的散水、台阶、楼梯、室外大门、室内外标高、剖切符号等内容的绘制。

⑩完成屋顶层平面图，并对 3 个基本平面图插入图框，标题栏等，完成平面图的绘制。

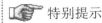

> 特别提示
>
> 以上只是建筑平面图绘制的基本步骤与基本流程,同学们在学习与今后工作中应灵活掌握与应用。

7.1.4 建筑平面图绘制实例

建筑平面图是建筑工程制图中最重要的基本样图,也是建筑施工图中较重要与较复杂的图形之一,是建筑结构施工图、整栋楼房的强电、弱电、水路、消防设计图以及楼房室内外装修设计图的基础。

现在如图 7.1 所示,以"首层平面图"为例讲解建筑平面图绘制的基本方法,绘图比例为 1∶100,采用 A3 的幅面的图框。为了教材所给图形的简洁与清晰,图形去掉了一些细部尺寸、标题栏、图框及一些说明文字等。

> 特别说明
>
> 本例为了讲授更多的知识点,故选用首层平面图来讲解,但本图中的楼梯采用中间层的楼梯进行练习,不以平常所说的首层楼梯图形出现,可以理解为本栋楼还有地下层,故不属违背相关的建筑规范。

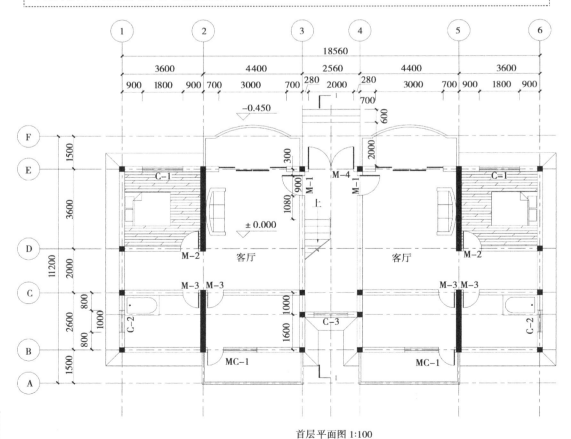

首层平面图 1:100

图 7.1　首层平面图

（1）绘图前的基本设置

启动 AutoCAD，启动后立即保存文件名为"建筑平面图.dwg"。

①设计单位：建筑用图，以毫米为单位，精度为 0。

操作方法：菜单命令"格式"→"单位"，在图形单位对话框中将精度设置为 0。

②图层：建筑图中常见图层设置，线型、线宽、颜色的设置。

操作方法："格式"→"图层"，在"图层特性管理器"对话框中建立相应的图层。建筑平面图常见图层的设置如图 7.2 所示。

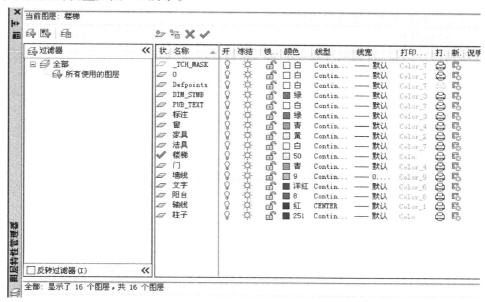

图 7.2　建筑平面图常见图层设置

👉 特别说明

①根据建筑制图线宽组的相关规范，如墙线需为粗实线，如何设置呢？ 主要有两种方式：

a.方式 1：在图纸大小确定的情况下，可在图层设置时，将墙线的线宽按规范设置，打印出图时，可采用对象线宽模式。

b.方式 2：图层设置时，不设置墙线的线宽，打印出图时，根据不同出图图纸对线宽的要求，可以通过色号来设置线宽模式打印，而这种方式是在实际工作应用最多的方式。

②注意对不同图层的颜色色号设置。如有不同线宽的图层，一定设置为不同的色号。

③线型的设置，在建筑平面图中主要应用 3 种线型：实线、虚线、点画线。

③图形界线设置：用建筑图的实际长度来绘图。

操作方法：菜单命令"格式"→"图形界限"。

本实例图可以设置为：左下角点（0,0），右上角点（20 000,15 000），不同图形设置不一定相同,设置好后也可以通过"图形界线"命令更改。

④标注样式设置。

在一幅建筑图中,标注样式常需要设置3种不同比例的标注,可分别应用全局、局部、细部尺寸的标注。有时还要根据不同的需要设置不同的箭头,具体设置参见第6章的相关节次的内容。

⑤文字样式设置。在一幅建筑图,根据文字标注的不同,可以建立不同的文字样式,主要设置3种不同文字样式,可分别应用中文文字标注、数字英文标注、尺寸数字文字的标注具体设置,参见第6章的相关节次的内容。

(2)绘制定位轴线

根据图7.1所示,对图形进行分析,这是一个左右对称的图形,所以可以先绘制左边的图形,然后通过"镜像(MI)"命令完成右边的图形。

①设置轴线为当前图层。

②打开正交模式,利用直线LINE命令绘制轴线A,绘制长度为21 000左右。

③在轴线A的中点处绘制一辅助轴线。

④利用偏移(OFFSET)命令完成图7.3所示的轴网。

⑤完成轴号的绘制,总尺寸与轴间尺寸的标注,轴号绘制可以通过块的操作技术完成,也可以通过复制命令完成,如图7.3所示。

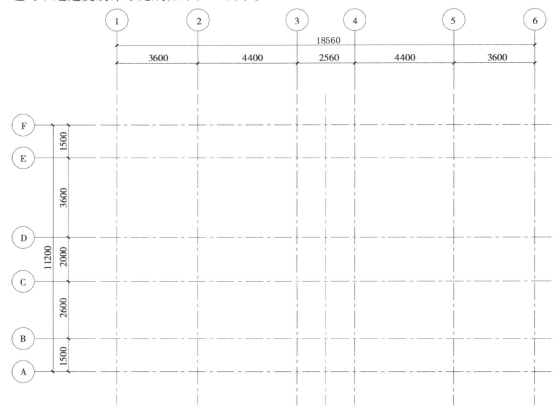

图7.3 轴网

（3）用"多线（ML）"命令绘制墙线

①绘制墙体之前将轴线的线型比例改为1,外观为实线,便于绘图,图形最终完成可以改回点画线外观。

②依图绘制墙线,用"多线（ML）"命令完成。

a.绘制墙线:对于多线样式的选择,现以标准的双线样式完成,所以多线样式不需要设置,只需修改多线的比例与对正的方式就可以了,设置与操作方法如下:

命令: ML MLINE

当前设置: 对正 = 上,比例 = 20.00,样式 = STANDARD

指定起点或 ［对正(J)/比例(S)/样式(ST)］:s

输入多线比例 <20.00>:240

当前设置: 对正 = 上,比例 = 240.00,样式 = STANDARD

指定起点或 ［对正(J)/比例(S)/样式(ST)］:j

输入对正类型 ［上(T)/无(Z)/下(B)］ <上>:z

设置完后如图7.4所示绘制墙线。

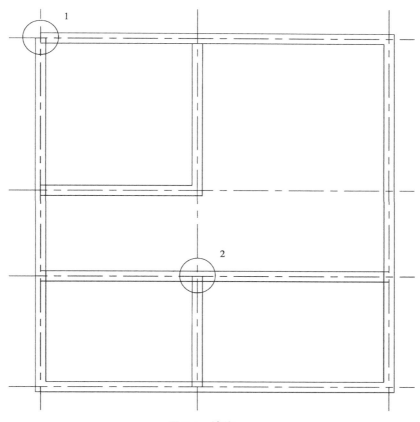

图7.4　墙线一

b.多线的编辑与修改:双击多线进入"多线编辑工具"对话框,如图7.5所示。

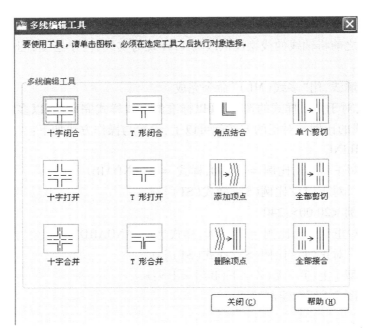

图 7.5　"多线编辑工具"对话框

　　在完成多线编辑之前,多线不能分解,如果分解了就不是多线了,就不能用多线编辑命令来修改。

　　利用"角点结合"对图 7.4 中"1"示部分编辑,利用"T 形合并"对形如图示"2"的所有 T 形合并编辑,编辑后得到图 7.6 所示。

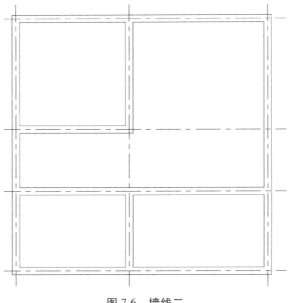

图 7.6　墙线二

（4）阳台的绘制

图中主要有两种类型的阳台，可以分别用"多线（ML）"命令绘制直线阳台，另一弧形阳台可以用"多段线（PL）"命令并结合"偏移（O）"命令来完成。如图7.7所示阳台，"多线（ML）"命令绘制直线阳台很简单，不再讲述，本书重点讲解"多段线（PL）"完成弧形阳台的操作方法：

①先绘制辅助直线，如图7.7所示"1"与"2"，长度各为500。

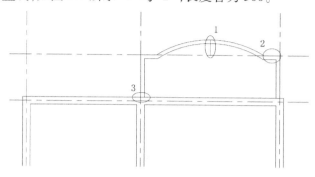

图7.7 阳台

②利用"多段线（PL）"完成一条阳台线绘制，后向内偏移120，步骤如下：

命令：PL PLINE

指定起点：   //如图7.7所示3为起点；

当前线宽为0

指定下一个点或［圆弧（A）/半宽（H）/长度（L）/放弃（U）/宽度（W）］：

指定下一点或［圆弧（A）/闭合（C）/半宽（H）/长度（L）/放弃（U）/宽度（W）］：500

指定下一点或［圆弧（A）/闭合（C）/半宽（H）/长度（L）/放弃（U）/宽度（W）］：a

指定圆弧的端点或

［角度（A）/圆心（CE）/闭合（CL）/方向（D）/半宽（H）/直线（L）/半径（R）/第二个点（S）/放弃（U）/宽度（W）］：s

指定圆弧上的第二个点：

指定圆弧的端点：

指定圆弧的端点或

［角度（A）/圆心（CE）/闭合（CL）/方向（D）/半宽（H）/直线（L）/半径（R）/第二个点（S）/放弃（U）/宽度（W）］：l

指定下一点或［圆弧（A）/闭合（C）/半宽（H）/长度（L）/放弃（U）/宽度（W）］：

指定下一点或［圆弧（A）/闭合（C）/半宽（H）/长度（L）/放弃（U）/宽度（W）］：

指定下一点或［圆弧（A）/闭合（C）/半宽（H）/长度（L）/放弃（U）/宽度（W）］：

命令：O OFFSET

当前设置：删除源＝否   图层＝源   OFFSETGAPTYPE＝0

指定偏移距离或［通过（T）/删除（E）/图层（L）］<120>:120

选择要偏移的对象，或［退出（E）/放弃（U）］<退出>:

（5）柱子与剪力墙的绘制

柱子是建筑物结构中主要承受压力,有时也同时承受弯矩的竖向杆件,用以支承梁、桁架、楼板等,本图中柱子以构造柱的方式绘制,方法可以有如下两种:

方法1:可以先建立柱块,用块的操作技术来完成,适用于今后工作中。

方法2:可以先绘制一个柱子,并填充,然后通过复制的方法完成,适用于学习与考试这种临时绘图。

本图中还有一个知识点,就是剪力墙的绘制练习,在 AutoCAD 制图中一般是通过"填充(H)"命令来完成,绘制完成后如图7.8所示。

（6）门与窗的绘制

门与窗是建筑平面图中重要的元素之一,其为建筑施工人员提供门与窗的位置,以及门与窗的洞口尺寸。

①第1步:绘制门洞与窗洞。

• 门洞的绘制:可以将轴线偏移门垛宽加半墙宽的距离,然后又将其偏移门宽的距离,将所得到的两条轴线通过"特性匹配"或者更改图层的方法来完成,将其改为墙线,利用"修剪(TR)"命令完成得到门窗洞,如图7.9所示。

• 窗洞的绘制:可以在墙中点处绘制一线段,然后向两侧偏移半个窗宽的距离,利用"修剪(TR)"命令完成窗洞,如果窗不在墙正中心位置而是偏向一侧,可以用开门洞的方法完成,如图7.9所示。

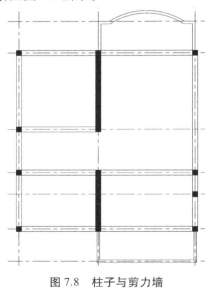

图7.8　柱子与剪力墙

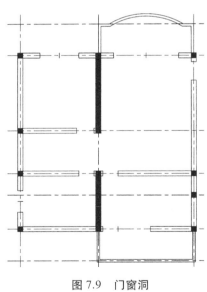

图7.9　门窗洞

②第2步:完成门窗块文件的建立。

• 门块的绘制:选择门图层,绘制一个宽度为 1 000 mm 的平开门,并以"块属性(ATT)"命令完成门名的块属性设置,如图7.10(a)所示。

• 窗块的绘制:选择窗图层,绘制一个 1 000×240 的平面窗,并以"块属性(ATT)"命令完成窗名的块属性设置,如图7.10(b)所示。

• 通过"外部块(W)"命令建立门与窗的块文件。

特别说明

关于窗与门编号:常用 C 表示窗,M 表示门,编号主要有两种方式,其一是在 C 或 M 后加"-数字",其二是在 C 或 M 后加洞口尺寸,参见相关的制图规范与标准。

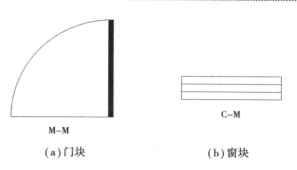

M—M

（a）门块

C—M

（b）窗块

图 7.10　门窗块

③第 3 步:用插入块的命令,插入门块与窗块,插入块时注意调整比例,比如,M-1 是 900,则比例为 0.9,M-2 的门是 800,则比例为 0.8,对于窗,在 y 方向是 240,所以插入窗时,y 方向比例为 1,如 C-1 的窗宽为 1 800,则 x 方向比例设置为 1.8,依次完成门窗的绘制,并通过"多段线(PL)"命令完成门联窗的绘制,客厅阳台处的滑门绘制,最后清理不需要的辅助线,门窗图完成后如图 7.11 所示。

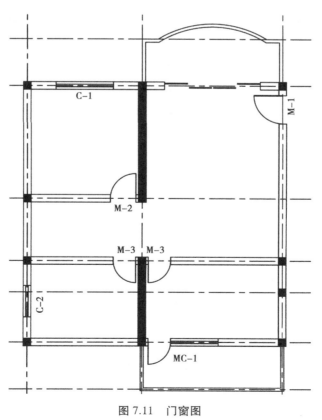

图 7.11　门窗图

（7）室内布置与图案填充

本实例侧重于知识点的讲解，所以家具与洁具都是象征性地介绍一部分。

用户可以通过"设计中心（快捷键'Ctrl+2'）"打开 AutoCAD 2010 中 Sample 文件夹中 DesignCenter 子文件夹，找到 Home-Space Planner.dwg 与 House Designer.dwg 两个文件，将这两个文件自带的家具与洁具块插入平面图中，完成家具与洁具的布置。

本实例图对主卧室做了一个木地板的填充，操作方法：执行"填充（H）"命令，在"图案填充与渐变色"对话框中，单击"图案填充"标签，选取图案"domlit"，并完成填充，完成后结果如图 7.12 所示。

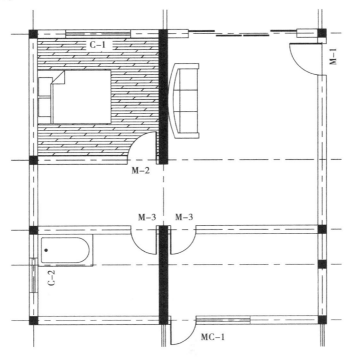

图 7.12　家具洁具示意图

（8）进行部分的文字标注与尺寸标注，以及各种符号的标注

关于文字与标注样式设置与操作详见相关章节，本章不具体讲述。

①文字标注：本图只象征性地完成 1~2 处的文字标注。

②尺寸标注：注意尺寸标注主要有 4 个方面的内容需完成，即常说的三道尺寸与细部尺寸标注：一是开间与进深的总尺寸；二是轴线之间的尺寸；三是建筑平面图的四周门窗与墙体等相关的尺寸；四是平面图内的各细部尺寸。

③常见符号标注。建筑平面图中常见的符号标注有标高符号，指北针，图名标注，楼梯的双折断线、剖切符号，现先对标高、指北针、图名标注进行讲解。

a.标高：标高按基准面选取的不同分为绝对标高和相对标高。建筑施工图一般都是应用相对标高：一般以建筑物室内首层主要地面高度为零作为标高的起点，所计算的标高称为相对标高。如本实例中的首层平面标高±0.000，如果室外比首层地平低 450 mm，则室外相对标高为−0.450，相对标高以米为单位，精确度保留到小数点后 3 位。

标高的符号:在施工图中经常有一个小小的直角等腰三角形,三角形的尖端或向上或向下,这是标高的符号——用细实线绘制、高为 3 mm 的等腰直角三角形。本图是以 100 的比例绘制,如图 7.13 所示标高,所以可以绘制高为 300 mm 的等腰直角三角形,当然也可以先建立一个高为 3 mm 的等腰直角三角形的标高块,并设置块的属性,通过块插入方法来完成。

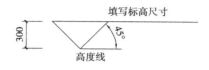

图 7.13 标高符号   图 7.14 图名

b.图名标注:图名标注主要有 3 部分:图名汉字;图纸的比例;图名格式选取。其中比例的字高小于图名汉字的字高,如汉字选 7,则比例选 5,如以 1∶100 的比例,则可以分别设置为 700 与 500。图名的格式可以选取国标的,也可选取传统的,如是传统的用两条线表示,上方为一粗实线,下方为细线,粗实线可通过"多段线(PL)"命令绘制,也可以通过设置图层的线宽,还可以在打印出图时设置色号的线宽来完成,建议用"多段线(PL)"绘制有宽度的线,如图 7.14 图名的标注。

c.指北针:在建筑首层平面图上,可以绘制指北针,用它来表示该建筑物的朝向。指北针是用细实线绘制一个直径为 24 mm 的圆圈,指针尖为北方,指针尾部宽度为 3 mm。绘制方法可以先绘制一指北针块,然后根据实际图纸的大小,按比例方向插入块,如图 7.15 所示指北针。

d.箭头引注:绘制带有箭头的引出标注,文字可在线端标注也可在线上标注,引线可以多次转折。可用于楼梯方向线、坡度等标注。可以用"多段线(PL)"命令来绘制,现在以直线箭头为例,如图 7.16 所示直线箭头。

图 7.15 指北针   图 7.16 直线箭头

(9)如果是对称图形,则进行镜像操作

教学与测试可以用对称的图形来学习与测试。

对于有的建筑图全部或部分是对称的,如教学楼、写字间、宾馆、一些住宅楼等建筑,要注意观察所绘制的图形是否有对称的部分,如果有对称的图形,一定要利用"镜像(MI)"命令来完成,本图就是以左右对称的图形来进行讲授。

(10)绘制楼梯,完成标准层的其他绘制

①楼梯的绘制。

第1步:补充楼梯间处的墙体、窗,参见图7.17标准层平面楼梯。

第2步:绘制标准层楼梯;楼梯箭头引注与折断线可以用"多段线(PL)"命令来完成。

第3步:标注楼间的细部尺寸;对于梯段处的尺寸,可以用X命令分解,并修改为300×9＝2 700,表示实有10步梯步,各为300 mm的宽,如图7.17所示为标准层平面楼梯。

②门窗尺寸及细部尺寸标注。本实例图门窗尺寸只标注上开间尺寸,外墙四周的门窗尺寸标注,就是常说的第三道尺寸标注,用尺寸来标明门窗在外墙处的具体平面位置,是建筑工程门窗施工中最重要的参数。标注方法如下所述。

a.选择"标注"图层为当前图层,并选择对应的标注样式。

b.先用"线性标注"命令标注最左边墙中点处到窗左边点的尺寸,实际操作中注意追踪的应用,需点取如图7.18中1、2所示的对应点A、B点。

c.然后用"连续标注"命令依次点取所需要标注的对应点。如图7.18中对应C、D点。为了捕捉与追踪相应的点,可以绘制一辅助线,完成后删除辅助线。标准层平面图如图7.19所示。

③完成图名标注。

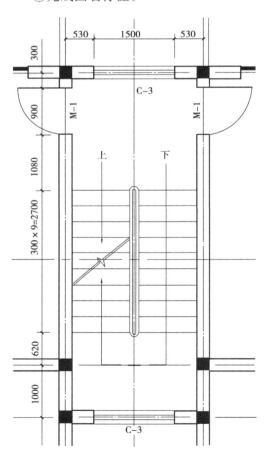

图7.17　标准层平面楼梯

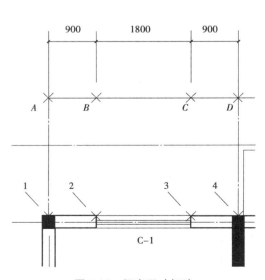

图7.18　门窗尺寸标注

④绘制标高符号,输入值 3.000。

⑤输入文字,标注房间名称。

⑥如有电梯,可以绘制,如还有其他相关内容也可以补充绘制。

⑦修改轴线的线型比例。单击"格式"→"线型",在"线型管理器"中,设置点画线 center 的全局比例因子为 25 左右。

⑧根据出图图纸大小,插入对应的图框块,完成标题栏相关内容。为了教材图形的清晰,本实例图不显示图框。完成后标准层平面图如图 7.19 所示。

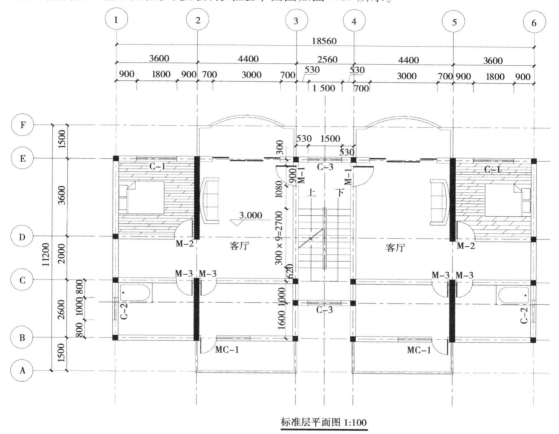

标准层平面图 1:100

图 7.19 标准层平面图

(11)完成首层平面图的散水、台阶、楼梯、室外大门、室内外标高、剖切符号等内容

绘制首层平面图时要注意与标准层平面图不同的地方,绘制方法是将标准层平面图复制一份后对其进行修改。

①复制标准层平面图。对于 AutoCAD 绘图,可以直接将平立剖绘制在同一个 DWG 文件中,所以可以直接复制一个标准层平面图平行放置,然后依首层平面图的相关知识点进行修改。

②修改图纸名称为首层平面图。

③将首层入口大门处的窗删除,并改绘为入口大门。大门可采用双扇平开门。

④在入口大门外 2 m 处绘制 3 步台阶。

⑤改标准层楼梯为首层楼梯。

⑥绘制散水。绘制方法：可以用"多段线(PL)"命令沿外墙绘制一轮廓线，以散水宽度600 mm为距离偏移轮廓线，用"修剪(TR)"命令修剪不需要的，并对各转角处进行绘制，最后删除沿外墙绘制的轮廓线。

⑦标注标高：首层室内标高 ± 0.000 m，室外标高-0.450 m。

⑧绘制指北针。

⑨绘1—1剖切符号。剖切符号用粗实线表示，剖切方向线的长度为6~10 mm；投射方向线应垂直于剖切位置线，长度为4~6 mm。即长边的方向表示切的方向，短边的方向表示看的方向。本图以1:100的比例绘制。剖切时一定要剖楼梯的梯步。

⑩修改图框与标题栏相关内容。

完成以上绘制与修改后，如图7.20所示为首层平面图楼梯间局部图。

（12）完成屋顶层平面图，并对3个基本平面图进行清理，完成平面图的绘制

与首层平面图一样，屋顶层平面图的绘制要注意与标准层平面图不同的地方，绘制方法是将标准层平面图复制一份后对其进行修改。主要需完成下述几个方面的内容：

①楼梯改为屋顶层楼梯。

②删除屋面不需要的墙线。

③删除四周的门与窗，保留楼梯间的门窗。

④绘制屋顶线与坡度符号。

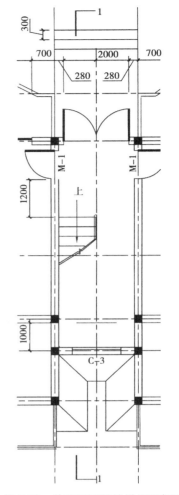

图7.20　首层平面图楼梯间局部图

⑤标高符号、图名、图框、标题栏等相关内容的修改。

通过以上5步，基本可以完成屋顶层平面图的绘制，具体的绘制方法本实例就不再详细讲述，最后对3个基本平面图进行清理，并将3个平面图布置在一起，从而完成建筑平面图的绘制。

7.2　绘制建筑立面图

7.2.1　建筑立面图的基本知识

建筑立面图是指用正投影法对建筑各个外墙面进行投影所得到的正投影图。其主要反映建筑物的立面形式和外观情况，主要表现建筑物各个方位外立面的造型和装修。反映建筑物的主要入口或比较显著地反映建筑物外貌特征的一面的立面图称为正立面图，其他

面的立面图相应地称为背立面图和侧立面图。

建筑立面图的命名常用以下几种方式:

①以相对主入口的位置特征命名:正立面图背立面图、侧立面图。这种方式一般适用于建筑平面图方正、简单,入口位置明确的情况。

②以相对地理方位的特征命名:如南立面图、东立面图、北立面图、西立面图,其适用于建筑平面图规整、简单,且朝向相对正南正北偏转不大的情况。

③以轴线编号来命名:命名准确,便于查对,特别适用于平面较复杂的情况。如①—⑥、Ⓐ—Ⓓ立面图。

教学一般以相对主入口的位置特征命名,课程教学一般只讲解正立面图的绘制,综合实训项目练习可以同时完成背立面图与左右侧立面图。

7.2.2 绘制建筑立面图的相关内容

(1)线型

为使立面图外形更清晰,通常用粗实线表示立面图的最外轮廓线,而墙面的雨篷、阳台、柱子、窗台、窗楣、台阶、花池等投影线用中粗线画出,地坪线用加粗线(粗于标准粗度的1.4倍)画出,其余如门、窗及墙面分格线、落水管以及材料符号引出线,说明引出线等用细实线画出。

(2)建筑立面图的图示内容

建筑立面图的图示内容主要包括下述内容。

①画出室外地面线及房屋的勒脚、台阶、门窗、雨篷、阳台、室外楼梯、墙柱、檐口、屋顶、雨水管、墙面分割线等内容。

②标注出外墙各主要部位的标高。如室外地面、台阶顶面、窗台、窗上口、阳台、雨篷、檐口、女儿墙顶、屋顶水箱间及楼梯间屋顶等的标高。

③标注建筑物两端的定位轴线与编号。

④标注索引编号。

⑤用文字说明外墙面装修的材料及其做法。

7.2.3 AutoCAD 绘制建筑立面图的一般步骤与流程

①在首层平面图的基础上引出定位辅助线,确定立面图样的水平位置及大小,然后根据高度方向的设计尺寸确定立面图样的竖直位置及尺寸,从而依次绘制出一个个图样。

②建筑立面绘图设置:主要是立面图的图层设置,如建筑轮廓层,其他设置可以应用平面图的相关设置。

③绘制定位辅助线:包括墙和柱定位轴线、楼层水平定位辅助线以及其他立面图样的辅助线。

④立面图样绘制:包括墙体外轮廓及内部凹凸轮廓、门窗(幕墙)、入口台阶及坡道、雨篷、窗台、壁柱、檐口、栏杆、外露楼梯、各种线脚等内容。

⑤配景:包括植物、车辆、人物等。

⑥尺寸、文字标注。

⑦线型、线宽设置。

 特别说明

在绘制辅助线时，并不是将所有的辅助线绘制完成后才绘制图样，一般是由总体到局部，由粗到细，一项一项完成。若将所有辅助线一次绘出，会密密麻麻，无法分清。

7.2.4 AutoCAD 绘制建筑立面图

AutoCAD 绘制建筑立面图的基本方法：利用 7.1 节所绘制的首层平面图，并沿平面图门、窗、柱、墙、台阶等轮廓作竖直投影线，然后绘制地坪线，并以地坪线为基准，在各投影线处，依据门、窗、柱、墙等高度，绘制相关图样，如门窗洞、阳台、台阶、屋顶线等，最后是标注尺寸、文字，并对立面图进行清理，插入图框，完成正立面图的绘制。

①将首层平面图文件打开，另存为正立面图（建议用这种方式），这样可以不破坏原平面图的相关内容。或者应用外部引用方式，或者通过复制<Ctrl+c>粘贴<Ctrl+v>的方法复制一个首层平面图，并取名为正立面图，保存在磁盘中。

②图层名的修改与调整。根据建筑立面图的绘制需要，对图层的设置进行相应的调整。主要增加轮廓与地坪两个图层。设置不同的颜色，线型为实线，线宽：轮廓可以设置为0.7，地坪为1.0，对于线宽也可以在打印时设置。可以关闭标注图层。

③绘制正立面图各对象的轮廓线。由于这个实例图的正面朝向向上，先将这首层平面图利用"RO"命令旋转180°，也就是让台阶大门原在上开间，转换为下开间；选择轴线为当前图层，将其作为辅助线图层，分别沿立面墙、立面窗洞、立面阳台、立面门、立面阳台等轮廓处向上引出定位辅助线，本图为左右对称图形，所以只需完成台阶左侧部分。

④绘制地坪线与屋顶线。选择地坪为当前图层，选择合适的位置从左到右，利用多（PL）命令，设置宽度为100并绘制地坪线。

将地坪线向上偏移450 mm，并利用 X 命令分解后，向上偏移的9 000 mm，继续向上偏移300 mm（本实例图以3层楼为例，室外地坪标高−0.450 m，每层高为3 000 mm，屋面厚300 mm，平屋顶，无女儿墙）。图 7.21 所示为建筑物立面的投影线或轮廓线。

⑤绘制立面窗。本实例图以最简单的双扇窗来讲解，窗台高800 mm，窗高1 500 mm，窗宽1 800 mm。

绘制方法：首先找到首层左侧窗的最左下角点（可以用 OFFSET 或 LINE 等命令），以此左下角点为基点在右上方绘制一个高1 500 mm，宽为1 800 mm的矩形窗外框，然后完成如图 7.22 所示立面门与立面窗，并利用向上阵列的方法完成竖向窗的绘制。用同样的方法绘制楼梯处的立面窗。最后将首层入口处的窗改绘为入口大门。

⑥绘制立面门。本实例图在阳台处有一四扇滑门，另还有入口大门。滑门高2 400 mm，总宽为3 000 mm，绘制方法：沿滑门的左下点开始绘制，完成如图 7.22 所示首层阳台滑门造型的绘制。

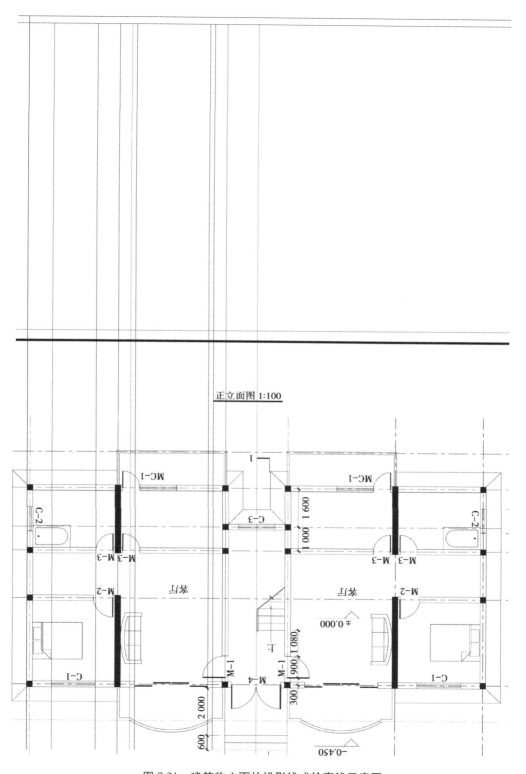

图 7.21 建筑物立面的投影线或轮廓线示意图

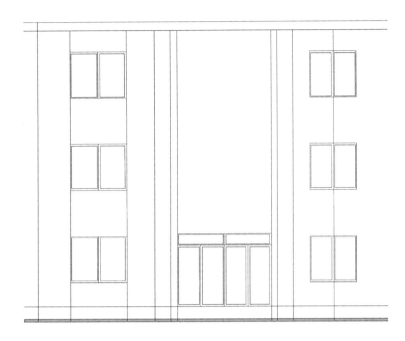

图7.22　立面窗与立面门

⑦绘制立面阳台与立面台阶：

a.阳台高1 000 mm，阳台与地面高差100 mm。绘制方法与门窗一样，绘制如图7.23所示立面阳台与立面台阶。

b.将立面滑门被遮挡的部分删除。

c.将立面滑门与立面阳台同时向上阵列。利用镜像"MI"命令，完成右侧立面门窗的绘制。

d.完成首层入口大门的绘制，入口大门高2 400 mm，总宽为2 000 mm。

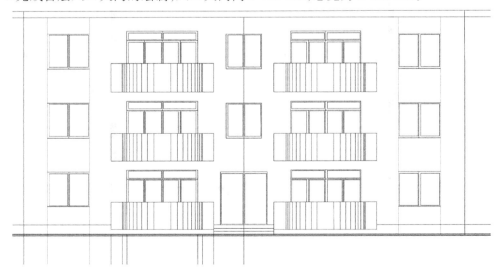

图7.23　立面阳台与立面台阶

⑧墙体、外轮廓、立面屋顶：

a.正立面图的墙体，一般情况下只能看见墙体的轮廓线，本实例图只能看见左右两侧的墙线，也正好处于外轮廓，所以被外轮廓线替代。

b.可以用 PL 多段线命令沿立面图除地坪以外的四周绘制宽度为 70 mm 的粗实线。

c.立面屋顶绘制，本实例图以平屋面为例，无女儿墙或特殊造型屋顶。

⑨标注尺寸、标高符号、轴号标注：

正立面图的尺寸标注要注意三道尺寸的标注，一般是左右两侧均要标注，本实例为了图示清晰，只标左侧尺寸，标注方法一般是标注一层楼的内侧两道尺寸与标高后用阵列（AR）命令完成，最后标注最外侧总尺寸，分别修改标高，并完成局部细部尺寸与特殊部位的标高标注。

轴号的标注，在一般情况下，只需标注有墙体轮廓线处的轴号，本图只需标注两侧轴号即可。注意与建筑平面图的轴号要对应。

轴号与标高的绘制可以通过块的操作方法，将事先保存在磁盘上的块文件插入，修改块的属性方法来完成。

⑩做图形的清理工作，插入图框、输入相关的文字。对图形做清理工作，补绘没有完成的各种图形，如层间线是否需要绘制与删除，入口大门上方绘制雨篷板，删除辅助线等。插入图框、输入相关的文字，本实例图形不插入图框，最后完成的正立面图如图 7.24 所示。

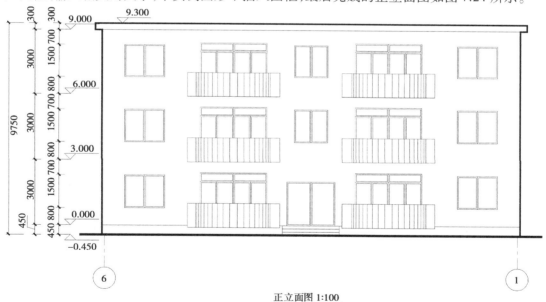

正立面图 1:100

图 7.24　正立面图

7.3　绘制建筑剖面图

7.3.1　建筑剖面图的基本知识

建筑剖面图主要用于反映房屋内部的结构形式、分层情况及各部分的联系、应用的结构材料以及建筑物内部的结构高度等。其绘制方法是假想用一个垂直于外墙轴线的铅垂剖切面,将房屋剖开,所得的投影图,称为建筑剖面图,简称剖面图。

剖面图是与平面图、立面图相互配合的不可缺少的重要图样之一,对于剖面图来讲,位置应选择在能反映出房屋内部构造比较复杂与典型的部位,如楼梯间或层高不同、层数不同的部位,并应通过门窗洞的位置。如果建筑物结构非常复杂,还需要剖切多处不同的楼梯,以及一些局部结构的剖面图。并命名 1—1 剖面图、2—2 剖面图等。

7.3.2　绘制建筑剖面图的主要内容

①剖切墙、柱的表示。

②表示楼面、顶棚、屋顶(包括檐口、女儿墙、隔热层或保温层等)、门、窗、楼梯、阳台、雨篷、散水及其他装修等剖切到或能见到的内容。

③标注各部分的标高和高度方向尺寸。

a.标高。标高是指室内外地面、各层楼面与楼梯平台、檐口或女儿墙顶面、楼梯间顶面、电梯间顶面等处的标高。

b.高度尺寸内容。外部尺寸:门、窗高度,层间高度及总高度。内部尺寸:如平台、墙裙及室内门、窗等的高度。

④表示楼、地面各层构造。一般可用引出线说明。引出线指向所说明的部位,并按其构造的层次顺序,逐层加以文字说明。若另画有详图,或已有"构造说明一览表"时,在剖面图中可用索引符号引出说明。

7.3.3　AutoCAD 绘制建筑剖面图的一般步骤与流程

通过首层平面图的旋转,让剖切线处于水平方向,剖视方向向上,然后根据不同剖切结构,以及能见的轮廓处向上引出定位辅助线,确定剖面图样的水平位置及大小,同时也可以通过立面图的各种结构如门窗,向水平方向引辅助线,通过水平与竖向交点来完成图形的绘制,对于高度方向也可以不引水平线,直接通过立面图读出设计尺寸高度来绘制,从而依次绘制出一个个图样。

①建筑剖面绘图设置。主要设置剖面图的图层,如剖面墙线、构造层、图案填充层等,其他设置可以应用平面图的相关图层设置。

②绘制竖向定位辅助线。包括墙和柱定位轴线、楼层水平定位辅助线以及其他剖面图样的辅助线。

③剖面图样绘制。包括剖切的墙线、墙体轮廓线、柱线、立面门窗轮廓、剖切的门窗、剖切的各种梁、入口台阶或坡道、雨篷、窗台、檐口、楼梯栏杆与扶手等内容。

④各种结构处理。如材料的填充、粗实线绘制等。

⑤尺寸、文字、标高、轴号的标注。

⑥图名、比例、图框的绘制。

7.3.4 AutoCAD 绘制建筑剖面图

剖面图的绘制与立面图的绘制思想基本一致,也是通过已知平面图,结合立面图或结合立面图的高度尺寸来完成剖面图的绘制,但剖面图主要是用来表示房屋内部的结构,在绘制上比立面图复杂些,重点在于:剖面楼梯、栏杆、扶手、剖面楼板、剖断梁、剖面门与窗、剖切的墙线以及剖面屋面。现以 7.1 节图 7.20 首层平面图,以及 7.2 节图 7.24 正立面图为实例讲解 1—1 剖面图的绘制方法与基本步骤。

(1)保存剖面图文件,并清理平面图与立面图

打开 7.1 节图 7.20 首层平面图的 DWG 格式的原文件,另存为 1—1 剖面图.dwg,如果继续需要 7.2 节图 7.24 正立面图,可以将其复制到 1—1 剖面图.dwg 中。将图形按如图 7.25 所示绘制水平与竖向投影线图示放置,图形清理,也可以删除不需要的图形内容。关闭标注图层,并增加剖面墙线、构造层、图案填充层等图层。

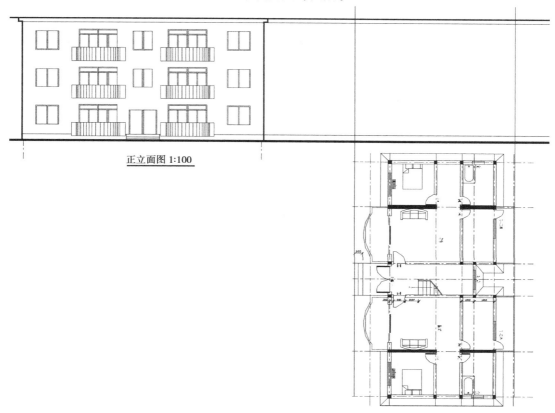

图 7.25 绘制水平与竖向投影线

然后分别从首层平面图向上,从立面图向右引辅助线。本实例讲解建议不应用正立面,只需在绘制过程中读出立面高度参数,并直接应用,对绘制剖面图可能更快速,并可增强识图能力。以下通过后者讲解剖面图的绘制方法。

(2)绘制地坪线、屋顶线等水平投影线

将首层平面图(复制的或者是另存为的首层平面图)旋转 90°,注意剖视方向上。利用与立面图一样的绘制方法,在旋转后的首层平面图上方适当的位置绘制地坪线,并分别向

上偏移出首层地面线、屋顶线、屋顶外轮廓线。

（3）绘制竖向投影线,定位主要结构位置

分别沿台阶、阳台、剖切的墙线、剖视方向见到的立面门、剖切的楼梯、没有剖切的外墙线向上绘制竖向投影线。图 7.26 所示剖面图结构竖向投影线绘制。

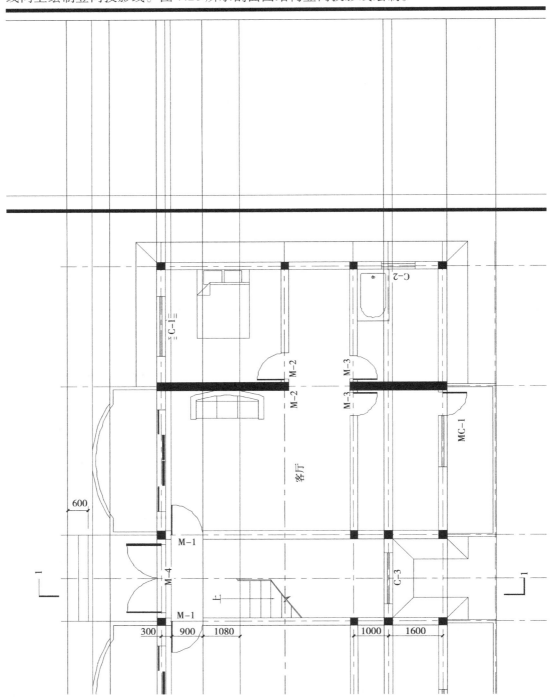

图 7.26　剖面图结构竖向投影线绘制

（4）绘制剖面台阶

根据平面图与立面图台阶参数值绘制,绘制后剖切台阶如图 7.27 所示。

（5）立面阳台的绘制

图示中,左右各有一阳台,均没有被剖切,以立面形式出现。注意左侧弧形阳台的表示方法。对于标准层及其以上的阳台,需与楼板高差约 100 mm。

（6）绘制剖切墙线与墙体轮廓线、立面门

剖切墙线可以用粗实线表达,可以用 PL 绘制。立面门的绘制与上一节讲解的绘制方法一样。

（7）绘制剖面楼梯、休息平台、梯段梁

剖面楼梯是剖面图绘制的难点。可以先初步完成首层的剖面楼梯,后用 AR 命令来完成。最后编辑修改。实例图为了绘制的简单化,将栏杆绘制为单线条(当然,栏杆的间距就不符合设计标准与规范),绘制踏步时注意复制、阵列等编辑与修改命令的综合应用。

休息平台厚 120 mm,梯段梁都需要填充。如果比例较少时,如只有一层楼,剖切的平台与梁可以填充钢筋混凝土,但比例较大时需填充涂黑。

（8）剖面门与窗的绘制、门窗过梁

入口大门高为 2 000 mm,如图绘制。对于剖面窗,注意剖面图标准层上方的左右两侧各有一剖面窗,窗台高为 800 mm,窗高 1 500 mm,如图绘制。

在剖面门与剖面窗的上方绘制高为 120 mm 的门窗过梁,并填充。

（9）剖面屋顶与檐口

对于是平屋顶的部面屋顶,被剖切的部分需填充,没有被剖切的需绘制其轮廓线。而对于阳台上方应绘制与阳台造型一样的阳台板。如左侧弧形阳台板与屋顶檐口,如图 7.28 所示为阳台板与屋顶檐口。对于檐口的内部结构。第 8 章将通过详图进行讲解。

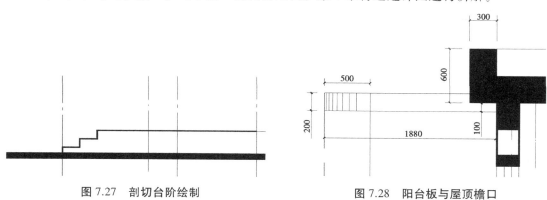

图 7.27　剖切台阶绘制　　　　　　　　图 7.28　阳台板与屋顶檐口

（10）图形的清理与尺寸的标注

在尺寸标注前需首先删除辅助的投影线,并对图形进行清理,删除不需要的中间图形,补充绘制局部细节。

尺寸的标注方法与立面图方法差不多,也是左右两侧各标三道尺寸,并标注标高,以及一些需要表达的细部尺寸。注写标高及尺寸时,注意与立面图和平面图一致。对于三道尺寸可以直接复制立面图的三道尺寸,并作适当的调整与补充。

（11）绘制图名、插入图框

图名可以直接复制立面图的图名并修改。插入图框,如 A3 图框,如图 7.29 插入 A3 幅面的图框后的示意图,完成剖面图的绘制。现在去掉图框,显示如图 7.30 所示 1—1 剖面图。

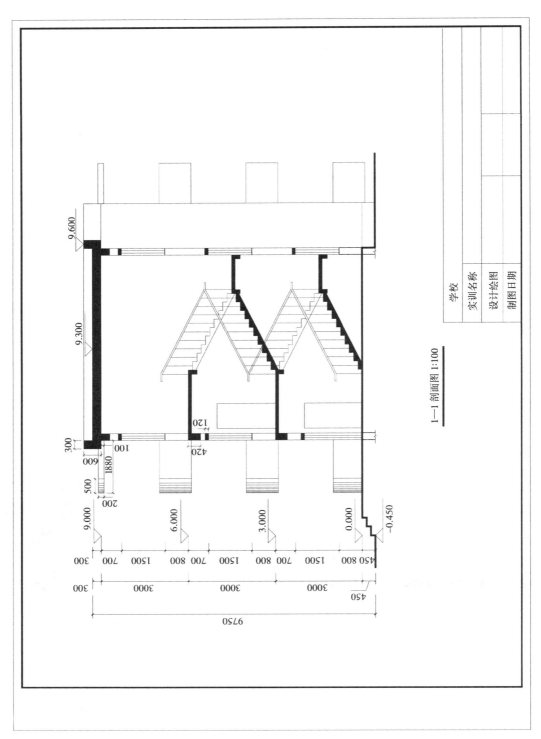

图 7.29　插入 A3 幅面的图框示意图

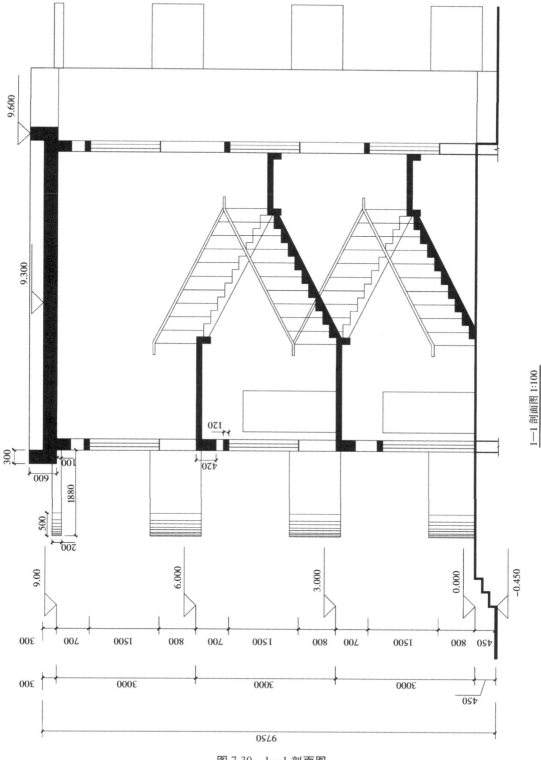

1—1 剖面图 1:100

图 7.30　1—1 剖面图

（12）将文件以名"1—1 剖面图.dwg"保存

剖面图绘制比较复杂,需要有较强的房屋建筑学知识,以及对建筑制图相关规范的掌握,剖面图的绘制是平立剖图形绘制的难点,要加强练习,并熟练掌握相关的绘制技巧。

本章小结

本章主要学习综合应用 AutoCAD 的各种绘图命令与编辑修改操作,并结合房屋建筑学的一些专业知识以及相关的制图规范来绘制建筑施工图,主要讲解了建筑平面图、建筑正立面图、建筑剖面图的绘制,难点在于建筑剖面图的绘制,要求熟练掌握建筑平面图的绘制方法,掌握如何通过建筑平面图来绘制立面图,通过建筑平面图并结合建筑立面图的高度尺寸来绘制建筑剖面图,这也是检查同学们对 AutoCAD 各种绘图命令与操作技能熟练掌握的情况。

习题与实训

一、填空题

1.建筑平面图主要分为首层平面图、_____、屋顶层平面图 3 种平面图。

2.指北针用细实线绘制,圆的直径为_____毫米。

3.平面图的墙线一般用_____命令绘制。

4.设计中心的快捷键_____。

5.图纸幅面是 A3 的图框尺寸是_____。

二、绘图题

结合课程教材内容以及课程教学的内容,完成教材中的首层平面图(图 7.1)、标准层平面图(图 7.19)、正立面图(图 7.24)、1—1 剖面图(图 7.30)。

三、思考题

建筑施工平面图、立面图、剖面图等的绘制基本步骤与方法是什么?

第8章

建筑施工详图与结构施工图

【知识提要】

学习 AutoCAD 建筑制图课程的目标之一是能熟练地利用 AutoCAD 绘制建筑施工详图与结构施工图,这也是对 AutoCAD 各种绘图命令与操作技能熟练掌握的综合检验。本章主要讲解建筑施工详图与结构施工图绘制的相关知识与基本方法。

【学习目标】

能综合应用 AutoCAD 各种绘图命令与操作技巧,并结合建筑制图的各种规范,熟练绘制建筑施工详图,基本了解结构施工图的绘制方法。

8.1 建筑施工详图

8.1.1 建筑详图

建筑平面图主要表现建筑平面图布置情况,而建筑立面图主要表现建筑物的外部形状与竖直方向上的门窗布局,建筑剖面图表现的是剖切面的内部结构与建筑构造,但由于平面图、立面图、剖面图的比例较小,建筑物上许多细部构造无法表示清楚,根据施工需要,必须另外绘制比例较大的图样才能表达清楚,即用建筑详图来表示,建筑详图一般表达出构配件的详细构造,所用的各种材料及其规格,各部分的连接方法和相对位置关系,各部位、各细部的详细尺寸,包括需要标注的标高,有关施工要求和做法的说明,是平、立、剖面图的局部放大图。

建筑详图主要包括以下 3 方面的内容:

①表示局部构造的详图,如外墙身详图、楼梯详图、阳台详图等。

②表示房屋设备的详图,如卫生间、厨房、实验室内设备的位置及构造等。

③表示房屋特殊装修部位的详图,如吊顶、花饰等。

8.1.2 绘制建筑详图的主要步骤与流程

绘制建筑详图主要需完成的内容有:图名(或详图符号)、比例,表达出构配件各部分的构造连接方法及相对位置关系,构造部位的详细构造及详细尺寸;构成的材料、规格与尺寸;有关施工的技术要求,施工方法及说明文字。建筑详图的绘制是综合应用 AutoCAD 的绘图设置、各种绘图命令、编辑修改命令来完成。

(1)绘制基本步骤与流程

①绘制详图的基本设置:根据不同详图的不同内容建立不同的图层,如轴线、墙体、材料、文字、标注。

②根据已有详图的细部尺寸按 1:1 的比例绘制,综合应用各种绘图命令与编辑修改命令完成详图的绘制。

③标注尺寸、标注各种文字以及各种符号的标注。

④确定出图的幅面大小,并插入图框,注意调整图框的比例,将详图放置在图框中的合适位置。

⑤对于多幅详图布置在同一图框内时,可以利用 SCALE 命令对图形进行相应的放大与缩小,总体原则为布局合理美观。

(2)绘制建筑详图时注意有关的图示方法和规定

①比例:1:1、1:2、1:5、1:10、1:15、1:20、1:25、1:30、1:50。

②图线:被剖切到的抹灰层和楼地面的面层线用中实线画。对比较简单的详图,可只采用线宽为 b 和 $0.25b$ 的两种图线,其他与建筑平、立、剖相同。

③索引符号与详图符号。

索引符号:图样中的某一局部或某个构件,如需另画详图,应以索引符号索引,索引符号如用于索引剖面详图,应在被剖切的部位绘制剖切位置线,并以引出线引出索引符号,引出线所在的一侧应为投射方向。详图符号:详图符号以直径为 14 mm 的粗实线圆绘制。

④多层构造引出说明:房屋的地面、楼面、屋面、散水、檐口等构造是由多种材料分层构成的,在详图中除画出材料图例外还要用文字加以说明。

房屋建筑图通常需要绘制外墙身详图、楼梯详图、卫生间详图、立面详图、门窗详图以及阳台、雨棚和其他固定设施的详图。建筑详图可分为节点构造详图和构配件详图两类。

表达房屋建筑某一局部构造做法和材料组成的详图称为节点构造详图(如檐口、窗台、勒脚、明沟等)。对于构配件本身构造的详图,称为构件详图或配件详图(如门、窗、楼梯、花格、雨水管等)。现以挑檐详图为例讲解详图的基本绘制方法。

8.1.3 挑檐详图绘制

挑檐详图如图 8.1 所示,具体的绘制方法与建筑平面、立面、剖面图的绘制方法基本类似,也是先进行绘图前进行设置,并对各种绘图与编辑命令、文字标注、尺寸标注等知识的综合应用,在此不再详细讲述,只讲解基本的操作步骤。

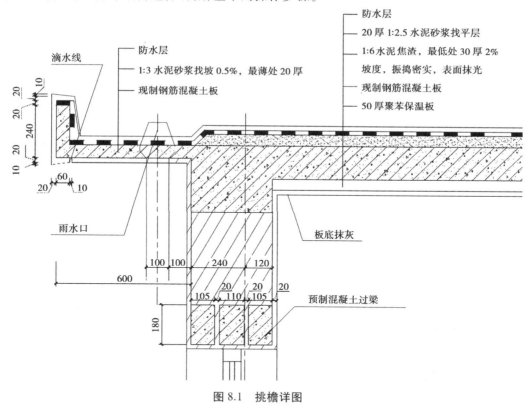

图 8.1 挑檐详图

①绘图前的基本设置,根据需要设置不同的图层:如图 8.2 所示为图层设置参考。并对文字与标注样式作相应的设置。

②依据尺寸绘制墙线,并依次完成各构造层的绘制,完成预制混凝土过梁、剖面窗、雨水管的绘制。对于墙线与过梁的中粗实线可以用 PL 多段线命令绘制,或者在打印出图时进行线宽的设置。

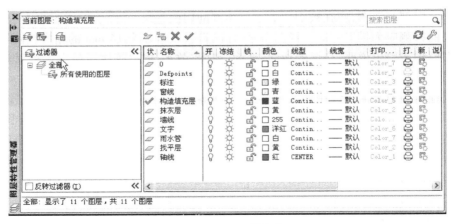

图 8.2　图层设置参考

③标注各细部尺寸,注写文字说明。

④完成各构造层的填充。选择合适的材料图案与填充比例,注意钢筋混凝土需分两步完成:第一步填充混凝土,第二步填充钢筋。

⑤注写图名、插入图框、清理图形、完成图形的绘制,并保存为"8.1 挑檐详图.dwg"。

8.2　结构施工图

8.2.1　结构施工图概述

第 7 章讲述了建筑施工图:平面、立面、剖面的绘制方法,作为建筑物的设计除了建筑施工图绘制以外,还需要做另一方面的设计:建筑结构的设计,也就是结构施工图绘制。

结构施工图是依据结构设计的要求绘制的,用来指导施工的图纸。结构施工图是表达基础、梁、板、柱等建筑物的承重构件的布置、形状、大小、材料、构造及其相互关系的图样,主要用来作为施工放线、开挖基槽、支模板、绑扎钢筋、设置预埋件、浇捣混凝土和安装梁、板、柱等构件及编制预算和施工组织计划等的依据。

结构施工图主要包括结构布置图和构件详图等。

结构构件:通常将建筑物中除承受自重外还要承受其他荷载的部分称为结构或构件。例如基础、承重墙、楼板、楼梯、梁、柱等。结构布置图:根据不同建筑物的结构形式绘制不同的结构布置图,同时结构布置图也反映了结构的形式。

依据承重材料通常可分为 5 种建筑物的结构形式。混合结构:承重部分用各种不同材料构成。一般基础用毛石砌筑,墙体用砖、砌块等砌体材料砌筑,梁、板、屋面等用钢筋混凝土材料浇注。钢筋混凝土结构:所有承重部分都采用钢筋混凝土构成。钢结构:承重部分都由钢材构成。砖木结构:墙用砖砌筑,梁、楼板和屋架都用木料制成。木结构:承重构件全部为木料。

一套完整的建筑结构施工图通常包括结构设计说明、结构平面图、构件详图。第一部分为说明文字,不需讲述;结构平面图是假想沿着楼板面将房屋水平剖开后所作的楼层水平投影,结构平面图主要包括基础平面图、楼层结构平面图、屋面层结构平面图等内容,以下分为 3 个小节讲述结构平面图,构件详图的绘制基本方法和步骤。

8.2.2　基础平面图

建筑物基础是建筑物地面以下的承重构件,承重上部建筑的荷载并传给地基,基础平面图是假想用一个水平面沿建筑物室内地面以下剖切后,移去建筑物上部和基坑回填土后所作的水平剖面图。其是施工放线、开挖基坑、砌筑或浇注基础的依据。

（1）绘制基础平面图的基本步骤

①绘制前的基本设置。如图层的创建(包括线型、线宽、颜色等)、文字样式、标注样式,设置方法与建筑平面图基本是一样的,当然在用 AutoCAD 绘制结构施工图时,可以从已有的建筑施工图中复制有用的相关设置与图形,从而提高绘制速度。具体操作方法可以打开首层平面图,另存为基础平面图,然后对相关的设置作相应的修改。

②绘制基础平面图的主要对象,如轴线、柱子、墙体等。操作方法与基本设置一样,直接利用原首层平面图复制这些内容,操作方法就在上述第①步中的基本平面图修改、调整、补充。基础平面图应与建筑平面图中定位轴线完全一致的轴线和编号。

③绘制基础轮廓线。综合应用各种绘图命令与编辑修改命令来完成基础轮廓线的绘制。基础部分只需画出基础墙和基础底面轮廓。被剖切到的基础墙轮廓要画成粗实线,基础底部的轮廓画成细实线。图中的材料图例与建筑平面图画法一致。

④标注尺寸与书写文字。应注出与建筑平面图相一致的轴间尺寸。此外,还应注出基础的宽度尺寸和定位尺寸。宽度尺寸包括基础墙宽和大放脚宽,定位尺寸包括基础墙和大放脚与轴线的联系尺寸。

⑤插入图框。注意图框的比例调整,书写图框文字内容,操作方法:在上述第①步中,直接将原首层平面图的图框文字内容修改即可。

（2）基础平面图的绘制实例

现在以第 7 章的建筑施工图为例,讲解其基础平面图的绘制,本章教材的图形轴线尺寸参见第 7 章的平面图。

①打开图"7.1 首层平面图.dwg"另存为"8.3 基础平面图.dwg"。

②关闭一些不需的图层:如楼梯、家具、洁具、门、窗、阳台、散水等图层,当然这些图层的名字与实际所绘的图形要学习者自己设置并与实际情况一致。保留基础平面图所用的图层与图形内容。然后全选,并将复制图形放到一侧,直接应用首层平面图的轴网、柱子、墙线作为基础平面图的轴网、柱网、墙基础,同时修改图名为基础平面图,并在此基础平面图的基础上完成修改与绘制。

③新增图层设置:根据基础平面图的需要,新增基础图层,颜色为白色,线型为实线,线宽可以为默认。

④清理图形,将不需要的部分文字及标注删除。将原门窗处的门窗洞全改为墙线连接,操作方法,利用删除命令删除门窗洞的连线,并用延伸命令 EX 补全墙线,如图 8.3 所示为清理基础平面图。

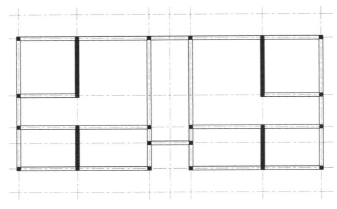

图 8.3 清理基础平面图

⑤选择基础图层为当前图层,绘制基础墙两侧的基础外轮廓线,为了绘制的简化,现假设基础处轮廓线到墙基础的距离全为 600 mm,绘制方法可以综合应用多段线 PL 命令、矩形 REC 命令、偏移 O 命令、镜像 MI 命令完成,并删除多余的图形,完成后基础外形轮廓如图 8.4 所示。

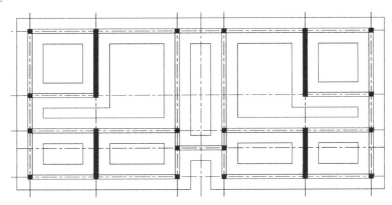

图 8.4 绘制基础外形轮廓

⑥标注尺寸、书写文字、插入图框(为了图形的显示清晰,教材图示不显示图框),完成基础平面图的绘制,并在打印出图时设置不同的线宽,图 8.5 所示为基础平面图。

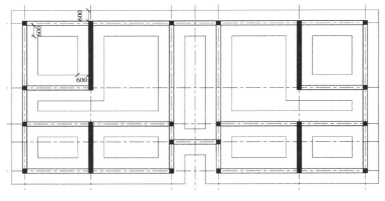

图 8.5 基础平面图

8.2.3　楼层结构平面布置图

本节讲解楼层结构平面布置图的绘制,而屋面结构布置图绘制方法与楼层平面图绘制方法差不多,但更加复杂,本教材不再讲解,二者是最重要的结构施工图。

楼层(屋面)结构布置图是假想沿楼面(或屋面)将建筑物水平剖切后所得的楼面(或屋面)的水平投影。其反映出每层楼面(或屋面)上板、梁及楼面(或屋面)下层的门窗过梁布置以及现浇楼面(或屋面)板的构造及配筋情况。

结构平面图的形成是假想楼层板铺设后,上面未做处理所绘的水平投影图。其是根据各层建筑平面的布置或上部结构而确定的平面布置图,若各层平面布置不同,则需要绘出不同层的结构平面图;若各层平面布置均相同,可只绘一个结构平面图,称标准层结构平面图。现在还是以第7章所讲的建筑施工图标准层平面图为例讲解楼层结构平面布置图的基本绘制方法与步骤。

（1）绘制楼层结构平面布置图的基本步骤

基本步骤与8.2.2基础平面图的绘制基本相同,主要不同的地方在于基础需绘制基础轮廓线,而楼层结构平面布置图时需要表现楼层梁、板、柱子和墙等到构件平面布置的图样。

①绘制前的基本设置。同8.2.2所述内容,不同在于操作方法不是打开首层平面图,而是标准层平面图,另存为楼层结构平面布置图,然后对相关的设置做相应的修改。

②绘制楼层结构平面布置图的主要对象,如轴线、柱子、墙体等。操作方法同8.2.2所讲述的基本一致。注意柱、构造柱用断面(涂黑)表示。

③绘制板、梁等构件的轮廓线。综合应用各种绘图命令与编辑修改命令来完成板、梁等构件轮廓线的绘制。画图时采用轮廓线表示铺设的板与板下不可见的墙、梁、柱等,如能用单线表示清楚时,也可用单线表示。

常用比例采用1∶50或1∶100,可见的墙、梁、柱的轮廓线用中粗实线表示,不可见的墙、梁、柱用中粗虚线表示,门窗洞口省略不表示。如若干部分相同时,可只绘一部分,并用大写拉丁字母（A、B、C……）外加直径8~10 mm的细实线圆圈表示相同部分的分类符号。

④绘制钢筋线,并在板内布置钢筋。板中的钢筋用粗实线表示。

⑤标注尺寸。结构平面图上标注的尺寸较简单,仅标注与建筑平面图相同的轴线编号和轴线间尺寸、总尺寸、一些次要构件的定位尺寸及结构标高。

⑥书写文字、插入图框。

（2）楼层结构平面布置图绘制实例

仍以第7章建筑施工图为例,讲解其楼层结构平面布置图的绘制方法。

①打开图7.2节的"标准层平面图.dwg"另存为"8.3楼层结构平面布置图.dwg"。

②关闭一些不需要的图层,如楼梯、家具、洁具、门、窗等图层,当然这些图层的名字与实际所绘的图形要与学习者自己设置的实际情况一致。保留楼层结构平面图所用的图层与图形内容。然后全选,并复制图形放到一侧,直接应用标准层平面图的轴网、柱子、墙线作为楼层结构平面图的轴网、柱网、墙线,同时修改图名为楼层结构平面布置图,在此图的基础上完成结构图进行修改与绘制。

③新增图层设置:根据楼层结构平面布置图的需要,具体设置如图8.6所示。对于图

形的线宽可以在打印出图时设置,也可以直接用多段线 PL 绘制有宽度的钢筋图形。

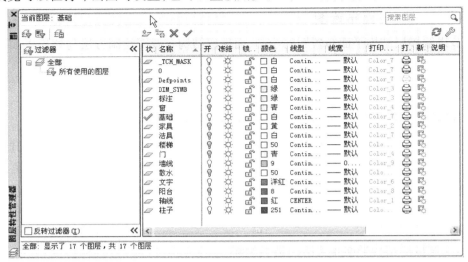

图 8.6　设置图层

④清理图形,将不需要的部分文字及标注删除。图 8.7 所示为清理楼层结构平面,注意与基础平面图不同的地方:楼层结构平面图有阳台,而基础平面图无;基础平面图的无楼梯,而楼层结构平面图尽管无楼梯,但有楼梯平台板,楼梯梁也需要绘制,可以先绘制平台板轮廓线。

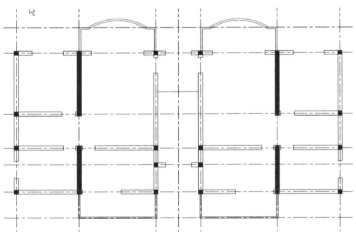

图 8.7　清理楼层结构平面

⑤绘制梁。分析图形是左右对称的图形,本节主要是向学习者演示绘制结构平面图的基本步骤,因此仅画出左侧部分图形。右侧部分可先删除,左侧绘制完后镜像到右侧即可。

本图绘制最具有代表性的几种梁结构:圈梁、过梁、连系梁、楼面梁,绘制方法如下(轴号参见第 7 章的平面图)。

第 1 步:首先绘制轴号②、进深ⓒ—ⓓ的连系梁,选择梁为当前图层,利用直线 L 命令绘制,偏移 O 命令等完成。然后可以绘制轴号①、开间②—③的楼面梁。同时完成内墙处的梁绘制。

第 2 步:绘制圈梁。圈梁是沿建筑物外墙四周及部分内横墙设置的连续封闭的梁。本图假设左侧、右侧各有一圈梁。绘制方法可以应用特性匹配命令完成,也可以选取外墙内侧线后,通过直接更改图层的方法完成。同时对阳台处的梁作同样的处理。

第 3 步:绘制过梁。放在门、窗或预留洞口等洞口上的一根横梁,用 GL 表示。为了表达清楚,并区别于轴线,直接在门窗所在位置,位于墙体中间位置,用 PL 命令绘制,宽度选择 70 mm(出图比例为 1:100,相当于线宽为 0.7 mm)。并将门窗洞口处的墙线用延伸命令 EX 连接起来。

⑥绘制楼板。选择楼板图层为当前图层,应用多段线命令 PL 绘制板内钢筋,选择宽度为 40 mm(出图比例为 1:100,相当于线宽为 0.4 mm)。教材仅演示卧室、客厅、弧形阳台等处部分钢筋。

⑦标注尺寸与书写文字。其方法与平面图一样,在此不在标注,本节主要体现在钢筋的标注上,图例只标注几处钢筋,其余自行完成,标注时注意标注的含义。如 $\phi10 @ 200$,其中,ϕ:表示钢筋等级直径符号;10:表示钢筋直径; @ :相等中心距符号;200:相邻钢筋的中心距(≤200 mm)。

⑧镜像 MI 完成右侧图形绘制。

⑨楼梯间处理。补绘楼梯间处的梁、板等,并绘制交叉对角线,标注楼梯间。

⑩插入图框(为了图形的显示清晰,教材图示隐藏图框以及轴网尺寸),完成楼层结构平面图的绘制,并在打印出图时设置不同的线宽,如图 8.8 所示。

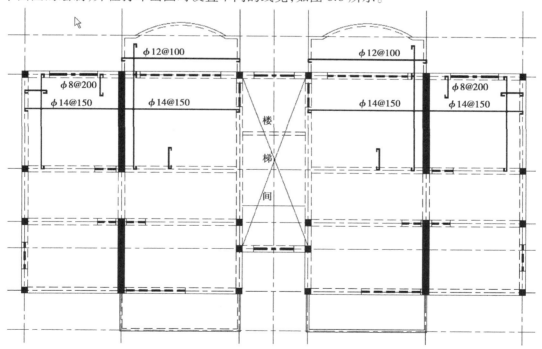

图 8.8　楼层结构平面布置图

8.2.4 钢筋混凝土构件详图的绘制

结构平面图只能表示建筑物各承重构件的平面布置,而建筑物中的许多承重构件的形状、大小、材料、构造和连接情况并未清楚地表示出来,因此,需要单独画出各承重构件的结构详图。

钢筋混凝土构件有定型构件和非定型构件两种。定型的预制或现浇构件可直接引用标准图或通用图,只要在图纸上写明选用构件所在标准图集或通用图集的名称、代号。自行设计的非定型预制或现浇构件,则必须绘制构件详图。钢筋混凝土构件详图是钢筋翻样、制作、绑扎、现场制模、设置预埋、浇捣混凝土的依据。必要时,用户还可将钢筋抽出来绘制钢筋详图并列出钢筋表。

通过建筑施工图平立剖的讲解,用户了解到绘制建筑工程图的基本步骤是:先对绘图前进行相关的设置,如图层的名、线型、线宽、颜色,文字样式,标注样式,图形界限、单位等;然后综合应用各种绘图命令与编辑修改命令完成图形的绘制;最后标注文字与尺寸,插入图框,打印出图。

绘制钢筋混凝土构件图时,基本步骤也是一样的,可以先设置,后画出构件的外形轮廓,最后绘制构件内的钢筋。现在通过一个实例讲解绘制钢筋混凝土构件详图的基本方法与步骤。

(1)设置绘图环境

文字样式、标注样式的设置与施工图设置基本相同,在此不再讲解;设置绘图区域大小左下角(0,0),右上角为(10 000,10 000);建立相关图层,如钢筋、梁等图层,图层的设置参考如图8.9所示。

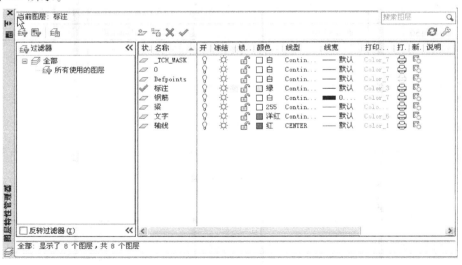

图8.9 图层的设置

(2)绘制如图8.10所示梁配筋立面图

绘制具体方法不再讲解,实际上是综合应用绘图命令与编辑命令来完成。首先绘制构件的外形轮廓,然后绘制钢筋,最后标注符号、尺寸、图名、文字等内容。出图比例为1∶30,

钢筋保护层厚度为 25 mm。

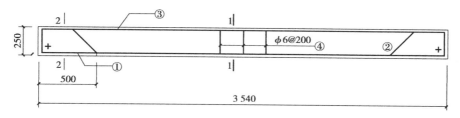

梁配筋立面图1:30

图 8.10　梁配筋立面图

（3）绘制如图 8.11 所示的钢筋详图

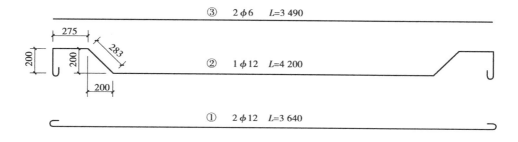

钢筋详图1:40

图 8.11　钢筋详图

（4）绘制梁断面图

绘制如图 8.12 所示的梁断面图，可以用 DONUT 命令绘制表示钢筋断面的圆点。注意各种符号标注与钢筋注写表示。

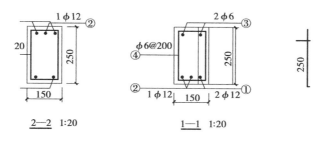

梁断面图 1:20

图 8.12　梁断面图

（5）打印

插入图框，并将 3 个图形布置在合适的位置，调整图框的比例，最后打印出图。

本章小结

本章主要介绍了建筑详图及结构施工图的基本绘制方法，绘图过程中要结合建筑制图的各种规范与标准,能够熟练地应用 AutoCAD 的各种知识、绘图命令、编辑修改命令来绘制建筑施工详图与结构施工图的绘制。

习题与实训

一、填空题

1._____图一般表达出构配件的详细构造,所用的各种材料及其规格,各部分的连接方法和相对位置关系,各部位、各细部的详细尺寸。

2._____图是依据结构设计的要求绘制的,用来指导施工的图纸。

3.φ10@ 200,其中 φ:表示钢筋等级_____符号;10:表示钢筋直径。

二、绘图题

完成本章图 8.1 所示挑檐详图,图 8.8 所示楼层结构平面布置图,图 8.10 所示梁配筋立面图,图 8.11 所示钢筋详图,图 8.12 所示梁断面图。

第9章

三维绘图命令

【知识提要】

本章主要介绍三维模型的基本创建方法和技巧。学习三维建模，必须先掌握控制三维视图显示，能够从多视角观察三维实体，灵活自如地调整变换显示屏幕是三维建模的基础，因此，三维视图操作是本章首先学习的内容。此外还应该熟悉"视觉样式"，清楚不同着色模式的效果。

创建三维基本实体在 AutoCAD 中可通过各种建模命令实现，通过多个简单实体则可构成较复杂的实体模型。用三维建模命令快捷而高效地建模是本章的主要内容。

除了三维命令建模外，还有很多建模方法和技巧，通过二维图形创建三维模型也是高效快捷建模的实用技能。

【学习目标】

①了解三维视图操作及对三维图形的观察。

②掌握用户坐标系和三维坐标点的输入。

③掌握三维实体的基本创建方法。

④了解轴测图的基本绘制方法。

9.1 三维视图操作

前面各章节中创建和编辑的都是二维图形,即图形对象均在 xy 轴平面上(z 坐标值为零)进行绘制和观察,本章着重学习创建三维模型。为此首先要了解三维空间的几种典型视图,掌握从不同角度观察模型的方法,熟悉显示三维模型的常用视觉样式。

9.1.1 选择三维观察视图

当创建或编辑三维模型时,经常需要调整模型的观察视点,AutoCAD 提供了多个标准正交视图和等轴测视图操作命令,除了这些预定义视图外,用户也可以自由选择观察角度。

(1)使用"视图"工具栏

用鼠标右键单击工具栏,在弹出的菜单中选择视图,弹出视图工具栏,如图 9.1 所示。

图 9.1 "视图"工具栏

其中的每个按钮都代表着一个典型的观察视点,单击一个按钮,就可将当前视图改为按钮指定的视图。双击打开素材文件"9.1.dwg",使用"视图"工具栏中的工具按钮,可看到几个典型的视图,如图 9.2 所示。

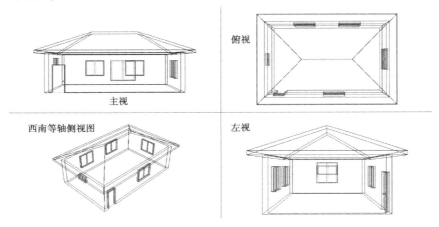

俯视

主视

西南等轴侧视图

左视

图 9.2 小房的几个不同视图

 特别提示

图片取自透视、三维线框状态(二维线框无透视效果)。

(2)使用菜单命令选择三维观察图

除了使用"视图"工具按钮选择三维观察视角外,还可通过在菜单中执行命令或在命令栏直接输入命令的方法来选择视图。例如,选择菜单命令"视图"→"三维视图",在其子菜单中也包括各视点命令,与视图工具栏中的按钮功能相同,子菜单(命令)前有图标并且与工具栏上图标一致,如图 9.3 所示。

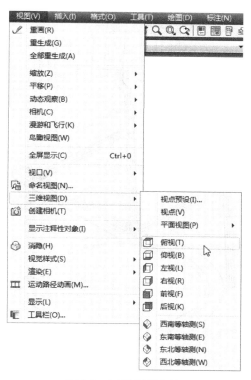

图 9.3 三维视图菜单

①正视图包括：

俯视：从正上方观察对象。

仰视：从正下方观察对象。

左视：从左方观察对象。

右视：从右方观察对象。

主视：从正前方观察对象。

后视：从正后方观察对象。

②等轴测视图包括：

西南等轴测：从西南方观察对象。

东南等轴测：从东南方观察对象。

东北等轴测：从东北方观察对象。

西北等轴测：从西北方观察对象。

9.1.2 选择视点观察对象

使用"视图"菜单或工具栏按钮可以方便地选择几个主要的特殊视图，即正投影和等轴测视图。除了正投影方向和等轴测方向观察对象，用户也可以自定义视点位置观察对象。下面以椅子模型为例，用不同方法控制视图。

①双击打开素材文件"9.2.dwg"，默认情况下为西南等轴测视图下观察的椅子，如图 9.4 所示。

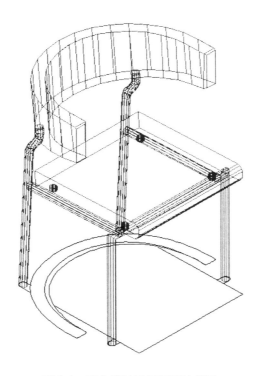

图 9.4　西南等轴测视图下的椅子

②选择菜单命令"视图"→"三维视图"→"视点"或在命令行中输入"vpoint",启动视点命令。

③文本行显示"当前视图方向:IEWDIR = -1,-1,1,指定视点或[旋转(R)]<显示坐标球和三轴架>:",命令行空白。

┌───┐
👉 **特别提示**

　　方向参数 IEWDIR = $-x,-x,x$ 时,为西南等轴测视图情况,且 x 的值越小,表明视点距离模型对象越近,在 3D 透视情况下,透视效果越明显。
└───┘

④在视图中会出现圆盘图形—坐标球,在圆盘旁边还有一个可转动的坐标轴,如图 9.5 所示。

坐标球相当于一个球体的俯视图,其中的小十字光标代表视点的位置。中心点是北极$(0,0,n)$,内环是赤道$(n,n,0)$,整个外环是南极$(0,0,-n)$。将罗盘上的小十字光标移动到球体的某位置上,三轴架会根据十字光标指示的观察方向进行相应的转动。小十字光标位于内环时,相当于视点在球体的上半球进行观察;十字光标位于内环与外环之间,表示视点在球体的赤道位置;十字光标位于外环时,表明视点在球体的下半球进行观察。

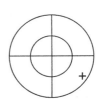

图 9.5　"视点"的坐标球和三轴架

⑤在图 9.5 所示的光标位置单击鼠标,即可确定一具体视点的位置。此时该视点的位置朝原点$(0,0,0)$观察模型效果如图 9.6 所示。

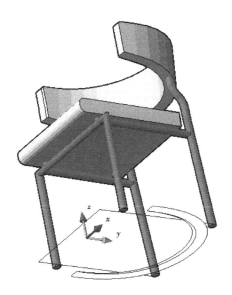

图 9.6　与图 9.5 中的坐标球和三轴架相应的视图

⑥在"视图"工具栏中单击"命名视图"按钮，或选择菜单命令"视图"→"命名视图"，打开对话框，如图 9.7 所示。

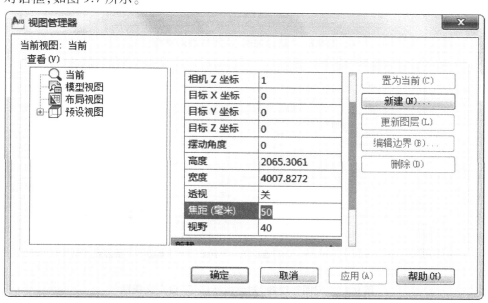

图 9.7　"视图管理器"对话框

⑦单击"新建"按钮，打开对话框，输入视图名称"自定义视图"，视图边界选择"当前显示"，即使用当前的显示作为新视图。单击"确定"按钮，如图 9.8 所示。

⑧视图对话框列表中增加了一个自定义视图名称，如图 9.9 所示。单击"确定"按钮，即可关闭对话框，并将视点命名创建的新视图保存起来。

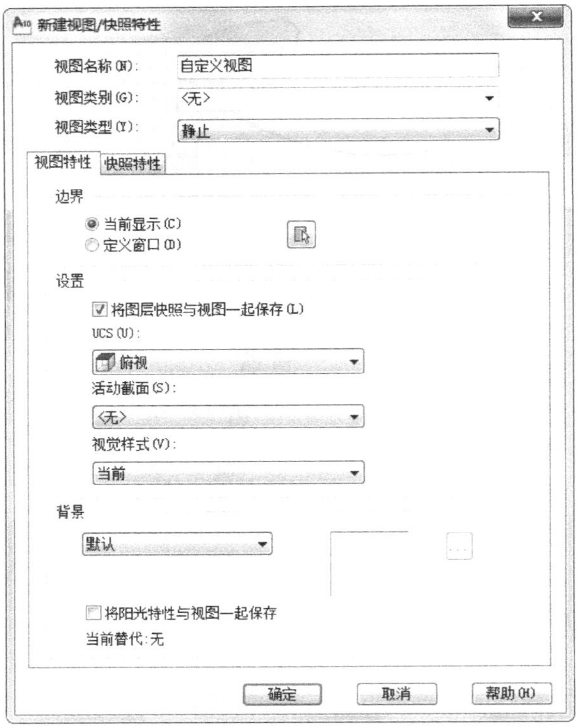

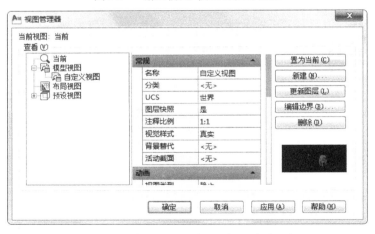

图 9.8 "新建视图/快照特性对话框

图 9.9 "视图管理器"对话框新增了"自定义视图"

　　创建的新视图,可以随时在视图工具栏中单击三角形按钮,从列表中选择一个命名的视图名称,就会启用该名称的视图来观察模型,如图 9.10 所示。

图 9.10 命名创建的视图在"视图"工具栏弹出窗口中

9.1.3 动态观察

仍以椅子模型为例。

①选择菜单命令"视图"→"动态观察"→"自由动态观察",视图中出现一个绿色转盘(4个象限点上为小圆环),如图9.11所示。

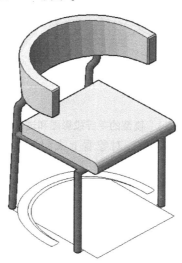

图9.11 动态自由观察模型

②按下鼠标左键并移动移动,观察的模型距离保持不变,而视点的位置围绕目标移动。目标点是转盘的中心,而不是被查看对象的中心。用户可以通过在圈内、圈外或圆周象限上的4个点上小圆环内按住鼠标拖动来改变观察的视角。

 特别提示

可以在三维导航工具栏中单击自由动态观察按钮 ,如图9.12所示。自由动态观察的命令为3DFORBIT。

图9.12 动态自由观察的面板或工具按钮操作

自由动态观察能实现不参照平面,在任意方向上进行动态观察。

9.1.4 平行投影与透视投影

双击打开素材文件"9.3.dwg,"默认情况下模型是平行投影,如图9.13(a)所示。平行

投影视图效果不够真实,通过"面板"中的"三维导航"按钮组 ▣🖱(为互锁按钮)或 DV 命令,可以切换为透视投影,透视图的效果如图 9.13(b)所示。

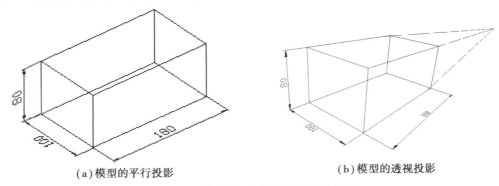

(a)模型的平行投影　　　　　　　(b)模型的透视投影

图 9.13　模型的平行投影图和透视投影

透视图非常类似于人类视觉效果。对象看上去向远方后退,产生纵深和空间感。

9.1.5　修改透视图镜头长度

透视图就像摄影机一样有镜头长度,不同的镜头长度产生的效果也不同。

● 广角镜头:50 mm 以下的镜头称为广角镜头,其镜头短,视野宽阔,适合拍摄表现多个对象的场景。

● 标准镜头:50 mm 镜头为标准镜头,这时的渲染效果最接近平时人眼观察景物的情况。

● 长焦镜头:大于 50 mm 的镜头称为长焦镜头,镜头长,视野窄小,适合单一对象。

图 9.11 所示的椅子镜头长度为 50 mm,视野值为 40,若更改镜头长度为 25 mm,则视野值为 72;更改镜头长度为 100 mm 之后,视野值为 20,视图如图 9.14 所示。

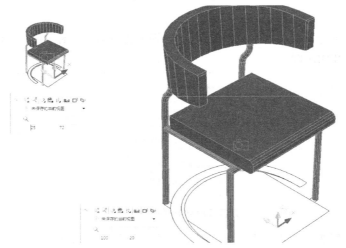

图 9.14　不同的镜头长度和视野观察同一模型

修改透视图镜头长度在面板的三维导航展开栏中;若选择菜单命令"视图"→"命名视图",或单击"视图"工具栏按钮🗗,在打开的如图 9.7 所示的"视图管理器"对话框中可看到当前视图观察镜头长度值和视野数值,重新输入数字可进行修改。

当用户启用透视图之后,焦距应根据需要适当的调整。

9.1.6　视觉样式

三维模型在视图中有多种显示方式。用鼠标右键单击工具栏,在弹出的菜单中选择"视觉样式",弹出工具栏,如图 9.15 所示。以素材文件"9.2.dwg"为例来观看不同视觉样式下椅子模型的视觉效果。

图 9.15　"视觉样式"弹出工具栏

● 二维线框⟡:单击该按钮,显示用直线和曲线表示边界的对象。坐标轴显示为二维图标,如图 9.4 所示。二维线框无透视效果,不能使用透视命令。

● 三维线框⟡:显示用直线和曲线表示边界的对象,与二维线框相似,但坐标轴显示为着色实体,默认背景为灰色,如图 9.16(a)所示。

● 三维消隐⟡:使用三维线框表示显示对象,并隐藏表示对象后面各个面的直线,如图 9.16(b)所示。

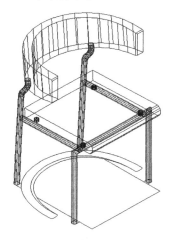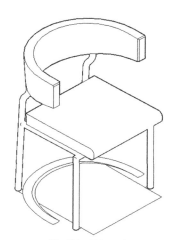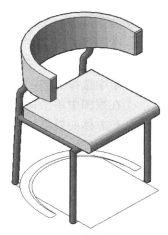

(a)模型椅子的三维线框　　(b)模型椅子的三维消隐　　(c)模型椅子的概念

图 9.16　模型椅子的三维线框和三维消隐

● 概念⬤:着色多边形平面间的对象,并使对象的边平滑化。着色使用冷色和暖色之间的过渡效果,而不是从深色到浅色的过渡。效果缺乏真实感,但可更方便地查看模型的细节,如图 9.16(c)所示。

● 真实⬤:着色多边形平面间的对象,并使对象的边平滑化,具有逼真的外观,并将显示已附着到对象的材质效果。图 9.6、图 9.11 均为模型椅子的真实显示。

● 管理⬤:单击该按钮,打开视觉管理器选项板。

9.2　基本实体建模

AutoCAD 提供了几种常见几何体的创建命令,选择菜单命令"绘图"→"建模",在弹出的子菜单中,包含长方体、球体、圆柱体、圆锥体、楔体和圆环体等命令。

用鼠标右键单击工具栏,在弹出的菜单中选择"建模",弹出"实体"工具栏,如图 9.17 所示。其按钮与"绘图"→"建模"子菜单中的命令相对应。

图 9.17　"建模"菜单栏

9.2.1　创建长方体

长方体是常见、简单的形体,AutoCAD 长方体建模过程如下所述。

①在"建模"工具栏中,单击"长方体"按钮。

②文本行显示 box;命令行提示"指定长方体的角点或[中心点(CE)]",在视图中单击,确定长方体底面第一个角点的位置。

③命令行提示"指定其他角点或[立方体(C)/长度(L)]",输入"@ 180,100",按回车键<Enter>,确定长方体底面对角点的位置。

④命令行提示"指定高度或[两点(2P)]<…>",输入"80",按回车键。

⑤在"视图"工具栏中单击"西南等轴测"按,从西南方向观察长方体。

⑥在"三维导航"工具栏中单击"实时平移"按钮,在视图中单击鼠标右键,在弹出的快捷菜单中选择"透视",将当前的视图改为透视图。

⑦在视图中单击鼠标右键,在弹出的快捷菜单中选择"退出"。

⑧长方体的效果如图 9.18 所示。

命令行提示选项功能如下。

● 长度(L):选择该项,命令行提示输入长、宽、高的数据,绘制一长方体。

● 立方体(C):选择该项,命令行提示输入数据(如 100),即可创建立方体,如图 9.18(b)所示。

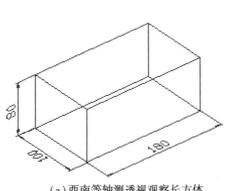

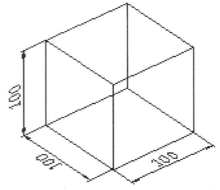

（a）西南等轴测透视观察长方体　　　　（b）建模时选立方体(C)

图 9.18　创建长方体

● 中心点:选择该项,命令行要求输入一个长方体的中心点坐标或鼠标拾取点,以确定一个长方体的位置。

9.2.2 创建球体

球体建模过程如下所述。

①在"建模"工具栏中,单击"球体"按钮🌑。

②文本行显示"_severe";命令行提示"指定中心点或[三点(3P)/两点(2P)/切点、切点、半径(T)]",在视图中单击,确定球心位置。

③命令行提示"指定半径或[直径(D)]",输入半径的值"50",按回车键。或在视图中移动鼠标,拖出一条直线,直线的长度作为球体的半径,创建的球体如图9.19(a)所示。

④输入系统变量"isolines",按回车键。

⑤命令行提示"输入ISOLINES的新值<4>",输入"20",按回车键。

⑥执行菜单命令"视图"→"重生成",按新的线框密度ISOLINES值为20重新生成球体,如图9.19(b)所示。球体的线框密度值越大,显示结果越逼真,越光滑,但占用的系统资源会更越多,会增加计算机运算量。

 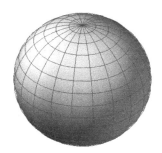

(a)球体建模　　　　**(b)较高isolines值的球体建模**

图9.19　不同线框密度的球体对比

9.2.3 创建圆柱体和椭圆柱体

圆柱体及椭圆柱体建模过程如下所述。

①选择菜单命令"绘图"→"建模"→"圆柱体"。

②文本行提示"_cylinder";命令行提示"指定底面的中心点或[三点(3P)/两点(2P)/切点、切点、半径(T)/椭圆(E)]:"。在视图中单击,确定中心点位置。

③命令行提示"指定底面半径或[直径(D)]:",输入"30",按回车键。

④命令行提示"指定高度或[两点(2P)/轴端点(A)]<…>",输入"80",按回车键。创建的圆柱体效果如图9.20(a)所示。

⑤选择菜单命令"绘图"→"建模"→"圆柱体",或单击"圆柱体"按钮🛢。

⑥命令行提示"指定底面的中心点或[三点(3P)/两点(2P)/切点、切点、半径(T)/椭圆(E)]:",输入"e",按回车键。

⑦命令行提示"指定第一个轴的端点或[中心(C)]",在视图中单击,确定端点位置。

⑧命令行提示"指定第一个轴的其他端点",输入"@30,0",按回车键,即确定椭圆一

个轴的长度为30。

⑨命令行提示"指定第二个轴的端点",输入"60",按回车键,即确定椭圆另一个轴的半长为60。

⑩命令行提示"指定高度或[两点(2P)/轴端点(A)]<80>",按回车键,确认角括号内的高度值80。创建椭圆柱体,效果如图9.20(b)所示。

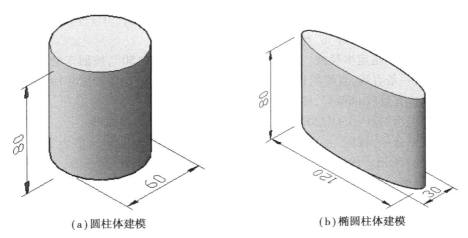

(a)圆柱体建模   (b)椭圆柱体建模

图9.20   圆柱体及椭圆柱体建模

9.2.4   圆锥体和椭圆锥体建模

①选择菜单命令"绘图"→"建模"→"圆锥体",或在建模工具栏中单击"圆锥体"按钮△。

②文本行显示"_cane";命令行提示"指定底面的中心点或[三点(3P)/两点(2P)/切点、切点、半径(T)/椭圆(E)]",在视图中单击,确定中心点位置。

③命令行提示"指定底面半径或[直径(D)]<…>",输入"30",按回车键。

④命令行提示"指定高度或[两点(2P)/轴端点(A)/顶面半径(T)]<…>",输入"90",按回车键,创建的圆锥体如图9.21(a)所示。

⑤单击"圆锥体"按钮△,文本行显示"_cone";命令行提示"指定底面的中心点或[三点(3P)/两点(2P)/切点、切点、半径(T)/椭圆(E)]",输入"e",按回车键。

⑥命令行提示"指定第一个轴的端点或[中心(C)]",在视图中单击,确定端点位置。

⑦命令行提示"指定第一个轴的其他端点",输入"@¦60,0",按回车键,即椭圆一个轴的全长为60。

⑧命令行提示"指定第二个轴的端点",输入"20",按回车键,即椭圆另一个轴的半长为20。

⑨命令行提示"指定高度或[两点(2P)/轴端点(A)/顶面半径(T)]<…>",输入"90",按回车键,椭圆形锥体效果如图9.21(b)所示。

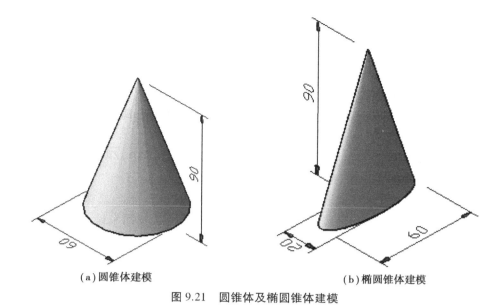

(a)圆锥体建模　　　　　　　　　(b)椭圆锥体建模

图9.21　圆锥体及椭圆锥体建模

9.2.5　楔体建模

楔形建模过程如下所示。

①选择菜单命令"绘图"→"建模"→"楔体",或在建模工具栏中单击"楔体"按钮▱。

②文本行显示"_wedge";命令行提示"指定第一个角点或[中心(C)]:",在视图中单击,确定楔体底面一个角点的位置。

③命令行提示"指定其他角点或[立方体(C)/长度(L)]:",输入"@100,50",按回车键,指定了楔体底面对角点坐标位置。

④命令行提示"指定高度或[两点(2P)]:",输入"80",按回车键。

⑤在视图工具栏,单击"东南等轴测"按钮▱,从东南方向观察楔体效果,如图9.22(a)所示。

⑥单击"楔体"按钮▱,在视图中单击,确定楔体底面一个角点的位置。

⑦命令行提示"指定其他角点或[立方体(C)/长度((L)]:",输入"c",按回车键。

⑧命令行提示"指定长度",输入"100",按回车键。创建的楔体模型如图9.22(b)所示。

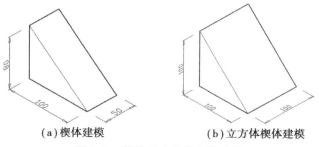

(a)楔体建模　　　　　　　　(b)立方体楔体建模

图9.22　楔体及立方体楔体建模

命令行提示选项功能——中心(C):选择该项时,通过指定的楔体中心点,然后再指定角点和高度,来创建楔体。

9.2.6 创建圆环体

圆环体模型构建方法如下所述。

①选择菜单命令"绘图"→"建模"→"圆环体",或在建模工具栏中单击"圆环体"按钮◎。

②文本行提示"_torus",命令行提示"指定中心点或[三点(3P)/两点(2P)]/切点、切点、半径(T)]",在视图中单击,确定圆环体中心点的位置。

③命令行提示"指定半径或[直径(D)]",输入"50",按回车键。

④命令行提示"指定圆管半径或[直径(D)]",输入"10",按回车键。在视图工具栏,单击"西南等轴测"按钮◎,观察圆环体,如图9.23(a)所示。

圆环体的圆环半径与圆管半径指定的部位如图9.23(b)所示。

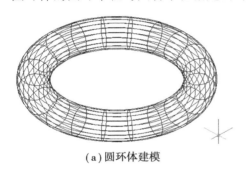

(a)圆环体建模   (b)圆环体的圆环半径与圆管半径

图9.23

命令行提示选项功能如下所述。

● "三点(3P)":用指定的3个点确定圆环体的圆周,3个指定点同时确定圆周所在平面。

● "两点(2P)":用指定的两个点确定圆环体的圆周。第一点的 z 值确定圆周所在平面。

● "TTR(切点、切点、半径)":使用指定半径确定可与两个对象相切的圆环体。指定的切点将投影到当前UCS。

● "半径":通过确定圆环体的半径(从圆环体中心到圆管中心的距离)创建圆环体。输入负的半径值会创建形似美式橄榄球的模型。

● "直径":通过定义圆环体直径创建圆环体。

9.2.7 创建棱锥面

棱锥面可通过如下步骤创建。

①选择菜单命令"绘图"→"建模"→"棱锥面",或在"建模"工具栏中单击"棱锥面"按钮△。

②文本行提示"_pyramid 4个侧面外切";命令行提示"指定底面的中心点或[边(E)/

侧面(S)]",在视图中单击,确定底面的中心点。

 特别提示

可以输入 e,命令行会提示指定棱锥底边的第一个和第二个端点,用户可以在视图中拾取两点,作为底面一条边的长度;也可以输入一条底边两个端点的坐标值。

③命令行提示"指定底面半径或[内接(I)]:",输入"30",按空格键。

④命令行提示"指定高度或[两点(2P)/轴端点(A)/顶面半径(T)]:",输入"100",按空格键。

⑤创建的棱锥面效果如图 9.24 所示。底面矩形外切于一个半径为 30 的虚拟圆。

⑥选择菜单命令"绘图"→"建模"→"棱锥面",文本行提示"_pyramid 4 个侧面外切,指定底面的中心点或[边(E)/侧面(S)]",输入"s",按空格键。

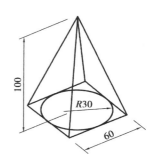

图 9.24   棱锥体建模

⑦命令行提示"输入侧面数<4>",输入"12",按空格键。

⑧命令行提示"指定底面的中心点或[边(E)/侧面(S)]:",单击一点确定底面中心点。

⑨命令行提示"指定底面半径或[内接(I)]<⋯>",输入"30",按空格键。

⑩命令行提示"指定高度或[两点(2P)/轴端点(A)/顶面半径(T)]<⋯>",输入"t",按空格键。

⑪命令行提示"指定顶面半径<0>",输入"10",按空格键。

⑫命令行提示"指定高度或[两点(2P)/轴端点(A)]<⋯>",输入"60",按空格键。

⑬创建的多边棱锥台,其顶面逐渐缩小到一个与底面边数相同的平面,效果如图 9.25 所示。

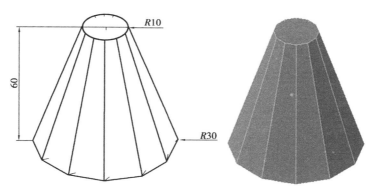

图 9.25   侧面数 12 棱锥体建模

命令行提示选项功能:

• "边(E)":指定棱锥面底面一条边的长度,可用鼠标拾取两点。

• "侧面(S)":指定棱锥面的侧面数。可以输入 3~32 的数。

- "内接(I)":指定棱锥面底面内接于圆的半径。
- "外切(C)":指定棱锥面底面外切于圆的半径。
- "两点(2P)":将棱锥面的高度指定为两个指定点之间的距离。
- "轴端点(A)":指定棱锥面轴的端点位置。该端点是棱锥面的顶点。轴端点可以位于三维空间中的任何位置。轴端点定义了棱锥面的长度和方向。
- "顶面半径(T)":指定棱锥面的顶面半径,并创建棱锥体水平截面。

9.2.8 创建多段体

AutoCAD 提供了"多段体"命令,与多段线的绘制方法相同,而且还可以根据视图中现有的直线或曲线创建相同路径的墙体。下面学习使用多段体制作直角或曲线墙体。

①选择菜单命令"视图"→"二维视图"→"俯视",将当前视图定为"俯视图"。

②单击"实时平移"按钮🖐,单击鼠标右键,在弹出的快捷菜单中选择"平行"投影视图。

👉 特别提示

若三维建模工作空间视图是透视图,即 PERSPECTIVE 的值为1,视图改变为俯视图后,依然是透视投影视图。

---

③单击状态栏中"捕捉"和"栅格"按钮,启动这两项功能,后面需要捕捉栅格上的点来绘制墙体。

④选择菜单命令"绘图"→"建模"→"多段体",或在建模工具栏中单击"多段体"按钮🗕。

⑤文本行显示"_Polysolid",命令行提示"指定起点或[对象(O)/高度(H)/宽度(W4)/对正(J)]<对象>",捕捉并单击栅格的交叉点 A, B, C 和 D 点,绘出一段折线(实际为体),如图 9.26(a)所示。

⑥命令行提示"指定下一个点或[圆弧(A)/闭合(C)/放弃(U)]",输入"a",按空格键,开始绘制圆弧形线段体。

⑦捕捉并单击 E 点,按回车键,结束多段体操作,多段体俯视图效果如图 9.26(b)所示。

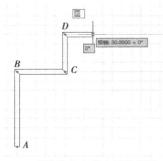

(a)多段体命令建立墙体模型

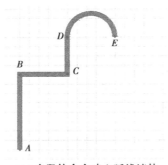

(b)多段体命令建立弧线墙体

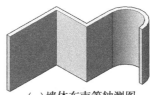

(c)墙体东南等轴测图

图 9.26 多段体与墙体

┌───┐
│ 👉 特别提示   │
│   │
│   如果选择闭合(C)，E 点与 A 点之间会创建线段闭合实体。   │
│   如果创建了错误的线段体，可以选择放弃(U)，会删除最后添加到模型的线段体， │
│ 本例将删除 DE 之间的线段体，然后可继续绘制正确的线段体或按回车键结束命令。 │
└───┘

⑧选择菜单命令"视图"→"三维视图"→"东南等轴测"，多段体效果如图 9.26(c)
所示。

┌───┐
│ 👉 特别提示   │
│   │
│   建筑的墙体厚度和高度不同，用户应当在单击"多段体"按钮 ⬚ 之后，命令行提示 │
│ "指定起点或[对象(O)/高度(H)/宽度(W)/对正(J)]<对象>"时，输入"h"或"w"， │
│ 这时会提示用户输入新的高度或宽度。默认高度值80，宽度为5。   │
└───┘

⑨选择菜单命令"绘图"→"多段线"，在视图中捕捉并单击栅格交叉点，绘制多段线，
如图 9.27(a)所示。

⑩单击"多段体"按钮 ⬚，命令行提示"指定起点或[对象(O)/高度(H)/宽度(W)/对
正(J)]<对象>"，输入"o"，按空格键。

⑪命令行提示"选择对象"，单击多段线，即可创建多段体，如图 9.27(b)所示。

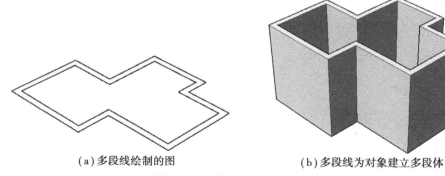

(a)多段线绘制的图   (b)多段线为对象建立多段体

图 9.27　多段线及多段体的应用

┌───┐
│ 👉 特别提示   │
│   │
│   使用现有对象创建多段体时，由 DELOBJ 系统变量控制是否在创建实体后自动删 │
│ 除路径，以及是否在删除对象时进行提示。   │
│   在命令行输入"delobj"后按空格键，输入"0"，按空格键，此时使用现有线段创建 │
│ 多段体时会保留线段。Delobj 值为 1 时，会删除轮廓曲线，这是默认设置。 │
└───┘

9.3 通过二维图形创建三维实体

9.3.1 绘制有厚度的二维对象

AutoCAD 的二维图形对象,包括直线、圆弧、圆、多段线(包括样条曲线拟合多段线、矩形、正多边形、边界和圆环)、单行文字(SH 字体)、宽线和点等二维图形,都可以创建为有厚度的三维外观的模型。

在创建建筑物的墙壁时,用长方体或多段体创建的墙壁会有上下端面,若并不需要具有上下端面,这时就可以使用有厚度的直线来绘制墙壁面,方法如下所述。

①选择菜单命令"文件"→"打开",打开素材文件"9-12a.dwg",如图 9.28(a)所示。

②选择菜单命令"格式"→"厚度",或在命令栏中输入系统变量"thickness"按回车键。

③命令行提示"输入 THICKNESS 的新值<O>",输入厚度值"3 000",按回车键。

④选择菜单命令"绘图"→"直线",捕捉并单击墙壁轮廓上的端点绘制直线,此时绘制的直线对象将具有 3 000 的厚度,如图 9.28(b)所示。

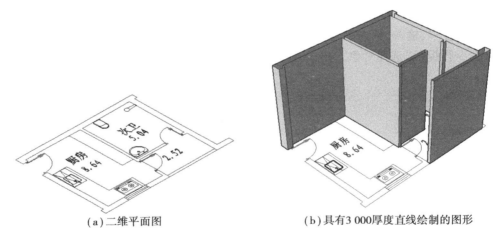

(a)二维平面图 　　　　　　　(b)具有3 000厚度直线绘制的图形

图 9.28　多段线及多段体的应用

在视图中创建的二维实体、圆弧、圆、直线、多段线(包括样条曲线拟合多段线、矩形、正多边形、边界和圆环)、单行文字(SHE 字体)、宽线和点等二维图形,都可以创建为有厚度的三维外观的模型。

⑤若对在创建时没有厚度的对象想赋予厚度,或者需要更改对象的厚度时,可以启动特性选项板进行修改。

单击选择要修改厚度的对象,再单击鼠标右键,在弹出的快捷菜单中选择"特性"。

⑥在打开的特性选项板中,选择"厚度",并输入新值"1000",如图 9.29 所示。

⑦选择的对象随即显示指定的三维厚度,修改部分对象厚度为 1000 后图形,如图9.30所示。

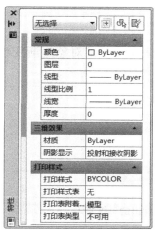

图 9.29　特性选项板修改对象厚度

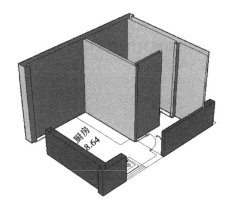

图 9.30　特性选项板修改对象厚度后图形

9.3.2　拉伸二维图形

AutoCAD 可对二维图形进行平面进行拉伸,以形成三维模型,操作过程如下所述。

①在绘图工具栏中单击矩形按钮▭,命令行提示"指定第一个角点或[倒角(C)/标高(E)/圆角(F)/厚度(T)/宽度(W)]",在视图中单击一点,确定第一个角点 A。

②命令行提示"指定另一个角点或[面积(A)/尺寸(D)/旋转(R)]:",输入第二个角点 B 的坐标值"@50,30",按回车键,创建的矩形如图 9.31 所示。

③在"建模"工具栏中单击"拉伸"按钮▣,或选择菜单命令"绘图"→"建模"→"拉伸"。

④命令行提示"选择要拉伸的对象",单击矩形,按回车键。

⑤命令行提示"指定拉伸的高度或[方向(D)/路径(P)/倾斜角(T)]<0>:",输入"t",按回车键。

⑥命令行提示"指定拉伸的倾斜角度<0>",输入"20",按回车键。

⑦命令行提示"指定拉伸的高度或[方向(D)/路径(P)/倾斜角(T)]<0>:",输入"20",按回车键。

⑧在"视图"工具栏中单击"西南等轴测"视图按钮◈,从西南方向观察矩形拉伸出的三维模型,如图 9.32 所示。

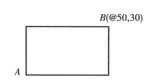

图 9.31　绘图命令创建的矩形

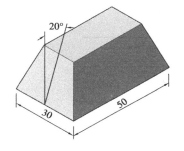

图 9.32　根据矩形拉伸出的三维模型

拉伸的倾斜角度可为−90°~90°的数值。负角度表示从基准对象逐渐变粗地向外拉伸。面域实体也可应用拉伸命令创建出三维实体,如图9.33所示。

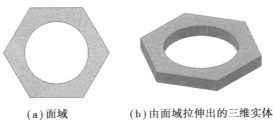

（a）面域　　　　（b）由面域拉伸出的三维实体

图9.33　由面域拉伸出的三维模型

9.3.3　通过扫掠建模

本实例绘制一条多段线路径和一个圆,这个圆将作为模型的剖面轮廓曲线,多段线作为路径,通过沿路径线段扫掠平面曲线(轮廓)来创建模型或曲面。轮廓曲线和路径线均可以是封闭或开放的。

①在绘图工具栏中单击"多段线"按钮，在视图中单击1点,在命令行中输入第2点的坐标值"@100,0",按回车键。输入第3点坐标值"@0,200",按回车键。输入第4点坐标值"@300,0",按两次回车键。

②在修改工具栏中,单击"圆角"按钮，在命令行中输入r选择半径选项,按回车键。输入"50",按回车键。分别单击多段线中的两条相连接的线段,创建圆角。

上述两步得到的图形如图9.34(a)所示。

③单击按钮选择"西南等轴测"视图。在"绘图"工具栏中,单击"圆"按钮，在图中单击,确定圆心,在命令行输入圆的半径值为"15",如图9.34(b)所示。

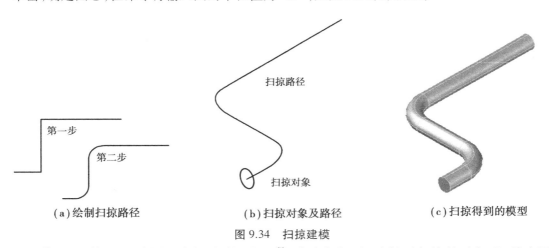

（a）绘制扫掠路径　　　　（b）扫掠对象及路径　　　　（c）扫掠得到的模型

图9.34　扫掠建模

④在"实体"工具栏中,单击"扫掠"按钮，命令行提示"选择要扫掠的对象:",单击圆对象,按回车键。

⑤命令行提示"选择扫掠路径或〔对齐(A)/基点(B)/比例(S)/扭曲(T)〕:",单击扫掠路径曲线,按回车键,得到的模型如图9.34(c)所示。

本实例中步骤④单击拉伸按钮🔲,将扫掠路径作拉伸路径也可得到同样效果。

9.3.4　通过旋转对象建模

①在"绘图"工具栏中单击"直线"按钮╱,绘制一条竖直直线,作旋转轴。

②使用圆弧╱、样条曲线╱等绘图工具和偏移💥、倒角╱修剪╱等修改工具,建立花盆剖面轮廓线。

通过以上两个步骤得到如图9.35(a)所示的旋转轴线和花盆剖面闭合轮廓线。

③使用"面域"命令◎使花盆轮廓构成实体,如图9.35(b)所示。

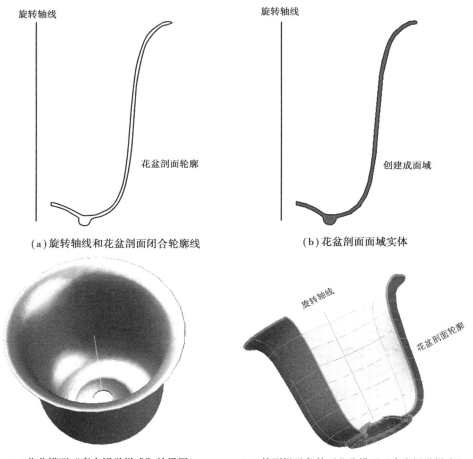

（a）旋转轴线和花盆剖面闭合轮廓线　　　（b）花盆剖面面域实体

（c）花盆模型"真实视觉样式"效果图　　（d）特别提示条件下花盆模型"真实视觉样式"

图9.35　花盆模型视觉效果

④单击"旋转"按钮📷,命令行提示"选择要旋转的对象",单击花盆剖面面域实体,按回车键。

⑤命令行提示"指定轴起点或根据以下选项之一定义轴〔对象(O)/X/Y/Z〕<对

象>:",输入"O",按回车键。

⑥命令行提示"选择对象",单击旋转轴线。

⑦命令行提示"指定旋转角度或［起点角度(ST)］<360>:",按回车键。

⑧综合使用自由"动态观察"按钮、鼠标滚轮缩放视图和鼠标中键平移视图,可得到如图9.35(c)所示的花盆模型效果视图。

> 特别提示
>
> 不进行步骤③的构造面域操作,也能执行旋转建模命令,得到旋转形成的圆面或曲面;步骤⑥指定的旋转角小于360°可得到扇形旋转对象,兼有这两点时建立的模型如图9.35(d)所示。

9.3.5 按住并拖动有限区域

系统提供了"按住并拖动"工具,可以在视图中按住并拖动有限区域来形成模型。有限区域必须是共面线段或边围成的区域,例如墙线通常就是由多条直线组成的。

①打开素材文件"9-16 某户型图.dwg",在轴测图中显示平面图,如图9.36(a)所示。

②在"建模"工具栏中单击"按住并拖动"按钮🔲,或在命令行中输入命令"presspull",按回车键。

③命令行提示"单击有限区域以进行按住或拖动操作",将鼠标光标移动到墙线区域内部,此时墙线变为虚线,单击鼠标,向上移动光标可以拉伸出三维实体。输入拉伸实体的高度值3 000(阳台等部分输入1 200),按回车键,创建的墙体模型如图9.36(b)所示。

④用同样的方法创建其他墙体。选择所有墙体,单击"移动"按钮✛,移动墙体后,可以观察到平面图形保留在原位,没有发生改变,如图9.36(c)所示。

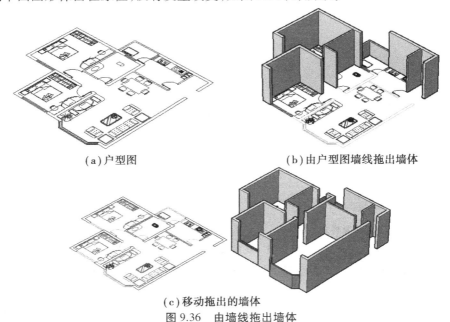

(a)户型图　　　　　　　　　　(b)由户型图墙线拖出墙体

(c)移动拖出的墙体

图9.36　由墙线拖出墙体

9.3.6 放样创建三维实体

使用放样命令,可以通过对包含两条或两条以上横截面曲线的一组曲线进行放样来创建三维实体或曲面。横截面曲线定义了最终实体或曲面的轮廓形状。横截面通常为曲线或直线,可以是不闭合的,例如圆弧,也可以是闭合的,例如圆。使用放样命令时,至少必须指定两个横截面才能进行放样操作。

①选择菜单命令"绘图"→"矩形",在视图中单击确定第一个角点位置,在命令行输入另一个角点的坐标值"@200,200",按空格键,一个矩形绘制完成。

②选择菜单命令"绘图"→"圆"→"圆心、半径",在矩形的中间位置单击,输入半径值为"50",按空格键,圆绘制完成。

③选择菜单命令"修改"→"移动",单击圆,按空格键,捕捉并单击圆心作为基点,输入移动目标点的相对坐标值"@0,0,200",按空格键,圆沿 z 轴移动了 200 绘图单位的距离,如图 9.37(a)所示。

④选择菜单命令"绘图"→"建模"→"放样",或在"建模"工具栏中单击"放样"按钮 。

⑤命令行提示"按放样次序选择横截面",单击矩形,再单击圆,按空格键。

⑥命令行提示"输入选项[导向(G)/路径(P)/仅横截面(C)]<仅横截面>",按空格键,此时选择了角括号中的默认选项"仅横截面",并打开"放样设置"对话框,选择"平滑拟合",单击"确定"按钮。此时创建了放样三维实体,如图 9.37(b)所示。

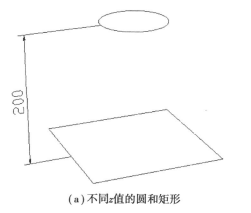

（a）不同z值的圆和矩形　　　　　（b）放样得到的三维实体

图 9.37　放样创建三维实体

命令行提示选项功能:

● 导向(G):选择该项后,可以指定控制放样实体或曲面形状的导向曲线。导向曲线是直线或曲线,可通过将其他线框信息添加至对象来进一步定义实体或曲面的形状。可以使用导向曲线来控制点如何匹配相应的横截面以防止出现不希望看到的效果(例如结果实体或曲面中的皱褶)。当选择"导向"时,命令行会提示"选择导向曲线",用户单击放样实体或曲面的任意数量的导向曲线,然后按回车键,即可创建一个放样实体,如图 9.38 所示。

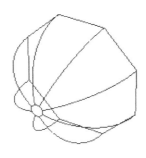

图 9.38　按"向导"放样

放样物体的每条导向曲线必须满足以下条件才能正常工作:与每个横截面相交;从第一个横截面开始;到最后一个横截面结束。

● 路径(P):选择该项,命令行会提示"选择路径",用户选择放样实体或曲面进行放样的一条路径曲线,此时即可创建一个放样实体,如图 9.39 所示。

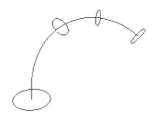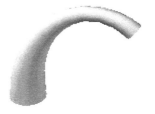

图 9.39　按"路径"放样

作为路径的曲线必须与横截面的所有平面相交。仅横截面(c):选择该项,会打开"放样设置"对话框,如图 9.40 所示。选择其中的选项来控制放样曲面在其横截面处的轮廓,还可使用闭合曲面或实体。

![放样设置对话框]

图 9.40　放样设置对话框

- 直纹：指定实体或曲面在横截面之间是直纹（直的），并且在横截面处具有鲜明边界。
- 平滑拟合：指定在横截面之间绘制平滑实体或者曲面，并且在起点和终点横截面处具有鲜明边界。
- 法线指向：控制实体或曲面在其通过横截面处的曲面法线。
- 起点横截面：指定曲面法线为起点横截面的法向。
- 终点横截面：指定曲面法线为端点横截面的法向。
- 起点和终点横截面：指定曲面法线为起点和终点横截面的法向。
- 所有横截面：指定曲面法线为所有横截面的法向。
- 拔模斜度：控制放样实体或曲面的第一个和最后一个横截面的拔模斜度和幅值。拔模斜度为曲面的开始方向。0 定义为从曲线所在平面向外。介于 1～180 的值表示向内指向实体或曲面。介于 181～359 的值表示从实体或曲面向外。
- 起点角度：指定起点横截面的拔模斜度。
- 起点幅值：在曲面开始弯向下一个横截面之前，控制曲面到起点横截面在拔模斜度方向上的相对距离。
- 终点角度：指定终点横截面拔模斜度。
- 终点幅值：在曲面开始弯向上一个横截面之前，控制曲面到端点横截面在拔模斜度方向上的相对距离。

不同的拔模斜度值产生的效果，如图 9.41 所示。

图 9.41　不同拔模斜度值产生的实体效果

- 闭合曲面或实体：闭合和开放曲面或实体。使用该选项时，横截面应该形成圆环形图案，以便放样曲面或实体可以形成闭合的圆管。
- 预览更改：将当前设置应用到放样实体或曲面，然后在绘图区域中显示预览。

9.4　轴侧图

　　轴测图是反映物体三维形状的二维图形，其富有立体感，能帮人们更快更清楚地认识物体的结构，这是一种在二维平面上表达三维结构的方法。绘制一个物体的轴测图是在二维平面中完成的，物体上的各点坐标只能沿轴测轴的方向测量，这种表达方式相对于三维图形的绘制来讲更简洁、方便。常用的轴测图有正等测轴测图和斜二测轴测图，本节主要通过一个实例来介绍如何利用 AutoCAD 提供的绘制轴测图的工具绘制正等测轴测图作一个简单的介绍。

9.4.1 设置正等测绘图模式

AutoCAD 定义了正等测轴测图的 3 个面为基准平面,这 3 个面称为等轴测面。根据位置的不同,它们的名称分别是左等轴测平面(y 轴和 z 轴定义的坐标面)、右等轴测平面(x 轴和 z 轴定义的坐标面)、顶等轴测平面(x 轴和 y 轴定义的坐标面)。当激活轴测模式之后,就可以分别在这 3 个面间进行切换,同时,绘图的十字光标形状显示也随之变化。一个长方体在轴测图中的可见边与水平线夹角分别是 30°、90°和 120°。

(1)功能

设置正等测绘图模式。

(2)调用方式

①菜单栏:"工具"→"草图设置"。

②命令行:SNAP。

(3)操作步骤

命令:SNAP ∠。

指定捕捉间距或［开(ON)/关(OFF)/样式(S)/类型(T)］<10,0000>:S ∠。

输入捕捉栅格类型［标准(S)/等轴测(I)］<I>:I ∠。

指定垂直间距<10,0000):∠。

若采用的是菜单调用方式,则弹出"草图设置"对话框,对其中"捕捉和栅格"选项卡进行如图 9.42 所示的设置。

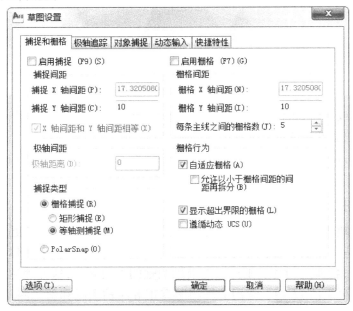

图 9.42 草图设置对话框

这里应注意,由于轴测图不是真正的三维模型,因此不能从任意角度进行观察,也不能进行自动消隐处理,只能通过修剪等编辑命令来达到消隐的目的。同时,为提高绘图效率,绘图时可多采用相对极坐标。

9.4.2　绘制实例

本节以图 9.43 为例,介绍一下绘制正等测轴测图的方法和步骤。

（1）设定绘图区域

命令:LIMITS ↙

设置"图形界限":

指定左下角点或［开/关］<0.0000,0.0000>: ↙

指定右上角点<420.0000,297.0000>:100,100 ↙

命令:ZOOM ↙

［全部（A）/中心（C）/动态（D）/范围（E）/上一个（P）/比例（S）/窗口（W）/对象（O）］<实时>:A ↙

（2）建立正等测绘图模式

按 9.4.1 所述建立正等测绘图模式。在这里,单击"正交"按钮或切换<F8>键,可锁定正交方式;按热键<F5>或<Ctrl+E>键,可在 3 个轴测平面间转换。

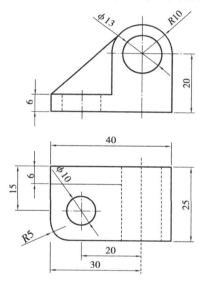

图 9.43　主视图及俯视图

（3）绘制底板

①绘制底板外形,如图 9.44 所示。

命令:LINE ↙

指定第一点:20,20 ↙

指定下一点或［放弃（U）］:@ 40<30 ↙

指定下一点或［放弃（U）］:@ 25<150 ↙

指定下一点或［放弃（U）］［闭合/放弃］:@ 40<210 ↙

指定下一点或［放弃（U）］［闭合/放弃］:C ↙

②确定底板上圆和圆角的中心。

命令:COPY ↙

选择对象:(选取直线 AB)

选择对象:↙

指定基点或［位移(D)/模式(O)］<位移>:(选取任意一点)

指定第二个点或 <使用第一个点作为位移>:@ 15<−30 ↙

用同样的方法分别确定圆和圆角的中心,如图 9.45 所示。

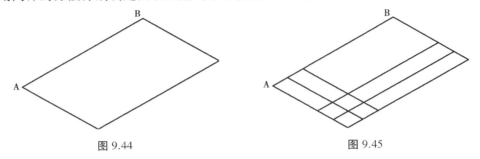

图 9.44　　　　　　　　　　　　图 9.45

③绘制底面上的圆和圆角。

命令:ELLIPSE ↙

指定椭圆轴的端点或［圆弧(A)/中心点(C)/等轴测圆(I)］:I ↙

指定等轴测圆的圆心:(捕捉圆的中心)

指定等轴测圆的半径或［直径(D)］:5 ↙

同样绘制出包含圆角 $R5$ 的圆,如图 9.46 所示。这里请注意:不要使用 FILLET 命令绘制该圆角。

④先用 COPY 命令将底板的底面复制到顶面,然后用 TRIM 命令进行修剪,最后用 LINE 命令绘出垂直轮廓线。完成后的底板如图 9.47 所示。

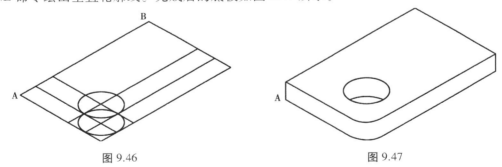

图 9.46　　　　　　　　　　　　图 9.47

9.4.3　绘制拱形结构和肋板

绘图步骤与绘制底板类似,这里不过多介绍,练习时仅需注意两点。

①注意等轴测面的切换。

②注意灵活运用对象捕捉。

完成后的正等测轴测图如图 9.48 所示。

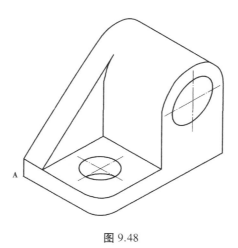

图 9.48

9.4.4　在轴测图中书写文本

为了使用某个轴测面中的文本看起来像是在该轴测面内,必须根据各轴测面的位置特点将文字倾斜某个角度值,以使它们的外观与轴测图协调起来,否则立体感不强。

（1）文字倾斜角度设置

"格式"→"文字样式"→"倾斜角度"→"应用|关闭"。

 特别提示

　　最好的办法是新建两个倾斜角分别为 30°和−30°的文字样式。

（2）在轴测面上各文本的倾斜规律

①在左轴测面上,文本需采用−30°倾斜角,同时旋转−30°角。

②在右轴测面上,文本需采用 30°倾斜角,同时旋转 30°角。

③在顶轴测面上,平行于 x 轴时,文本需采用−30°倾斜角,旋转角为 30°;平行于 y 轴时需采用 30°倾斜角,旋转角为−30°。

 特别提示

　　文字的倾斜角与文字的旋转角是两个不同的概念,前者在水平方向左倾（0～−90°）或右倾（0～90°）的角度,后者是绕以文字起点为原点进行 0～360°的旋转,也就是在文字所在的轴测面内旋转。

9.4.5　标注尺寸

为了让某个轴测面内的尺寸标注看起来像是在这个轴测面中,就需要将尺寸线、尺寸界线倾斜某一个角度,以使它们与相应的轴测平行。同时,标注文本也必须设置成倾斜某一角度的形式,才能使文本的外观具有立体感。

本章小结

本节主要讲述三维实体和曲面创建步骤,以及通过二维曲线或面创建三维实体。三维实体造型复杂,因此首先应当熟练掌握从不同角度观察三维模型的视图操作方法,以及熟悉各种显示模式,即视觉样式。

通过对本章的学习,还应掌握正等测绘图模式的建立及如何绘制正等测轴测图,特别应注意平行于立体等轴测面的圆或圆弧的画法。

习题与实训

一、思考题

1.怎样创建透视图? 怎样调整透视图的镜头值?

2.三维实体有几种显示模式?

3.系统提供了几种基本实体创建命令? 它们与三维曲面中的基本体曲面有什么不同?

4.怎样用 FILLET 命令对三维模型的边倒圆角?

二、绘图题

1.根据如图 9.49 所示的平面图(素材 9.18 习题图.dwg),制作如图 9.51 所示的三维模型。

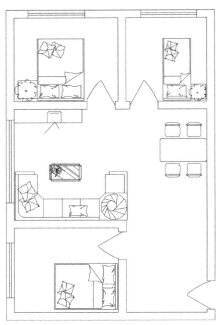

图 9.49　某平面图

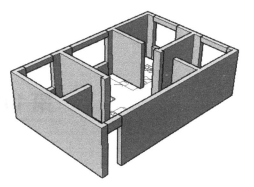

图 9.50　并集前的三维模型

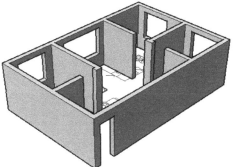

图 9.51　并集后的三维模型

2.绘制图 9.52 所示立体的正等测轴测图。

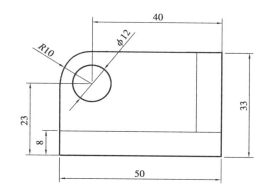

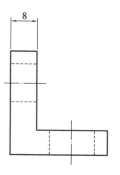

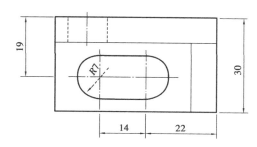

图 9.52　练习题

第 10 章

三维修改命令

【知识提要】

使用 AutoCAD 建模工具得到的实体模型通常是一些简单的基本三维实体,而较为复杂的三维模型可以通过多个简单实体的组合及组合后再适当地修改而得到。

本章重点讲述三维模型的各种编辑方法、变换,并能够应用布尔运算对模型对象进行编辑、修改。通过本章的学习,能够运用所学的操作方法,由三维绘图命令绘出的简单实体,组合成较为复杂的三维模型,以及对已绘制的三维实体进行符合用户需要的修改。

【学习目标】

本章将学习如何实现复杂实体模型的合成及三维修改操作,基本学习目标如下:

①熟悉三维图形的旋转、镜像、切割等各种编辑方法。

②通过布尔运算并集、交集、差集组合模型对象。

③修改实体模型。

④三维标注。

10.1 组合模型

实体模型在创建之后,可以使用命令对其进行编辑,如组合、切割、倒角等,创建出更为复杂的三维实体模型。

对模型进行编辑最常用的就是菜单命令"修改"→"实体编辑"中的各种子命令,如图10.1所示。

图 10.1　模型的"实体编辑"命令集

"实体编辑"菜单中的子命令都有一个工具按钮,被放置在"实体编辑"工具栏中。如果屏幕上没有"实体编辑"工具栏,可用鼠标右键单击某工具栏,在弹出的快捷菜单中选择"实体编辑",即可让该工具栏放置在屏幕上,该工具栏如图10.2所示。

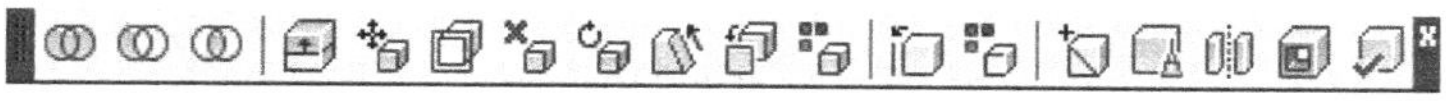

图 10.2　实体编辑工具栏

首先,实体模型也可以像面域一样进行布尔运算后,组成新的模型,运算包括并集、差集和交集。

10.1.1　实体模型并集运算

当需要将两个实体模型合并为一个时,可以使用布尔"并集"运算命令。

①执行菜单命令"绘图"→"建模"→"长方体",命令行提示"点击指定长方体的角点或 [中心点(C)]:",在视图中单击确定角点位置。

②命令行提示"指定角点或［立方体（C）/长度（L）］"，输入"C"，选择创建立方体，并按回车键。

③命令行提示"指定长度"，输入"500"，并按回车键。立方体创建完成。

④在命令行输入系统变量"ISOLINES"，按回车键。命令行提示"输入 ISOLINES 的新值<…>"，输入"30"，按回车键。增大该参数，创建的实体模型线框密度更大。

⑤选择菜单命令"绘图"→"建型"→"球体"，命令行中提示"指定中心点或［三点（3P）/两点（2P）/相切、相切、半径（T）］："，捕捉已建矩形底面中心单击，确定球心位置。

⑥命令行中提示"指定球体半径或［直径（D）］<…>"，输入"150"，并按回车键。球体创建完成。

⑦选择"视图"→"视口"→"三个视口"命令，并按回车键。绘图区随即更改为 3 个视口。

左上角为默认的俯视图，单击左下角的视口，选择菜单命令"视图"→"三维视图"→"左视"，此时该视口将从左侧观察实体模型；单击右侧视口，选择菜单命令"视图"→"三维视图"→"西南等轴测"，该视口将从西南方向观察实体模型。

⑧选择菜单命令"修改"→"移动"，单击球体，将其移至立方体的上半部分，如图 10.3 中的"并集"前所示。

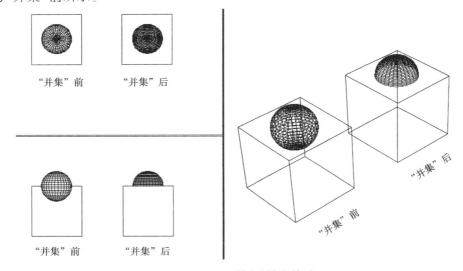

"并集"前　　　"并集"后

"并集"前　　　"并集"后

"并集"后

"并集"前

图 10.3　"并集"操作前后

⑨在"实体编辑"工具栏中单击"并集"按钮⑩。

⑩命令行提示"选择对象"，在视口中分别单击球体和立方体，按回车键。此时选择的这两个实体合并为一个实体，两实体模型重合部分被删除，如图 10.3 中的"并集"后所示。

10.1.2　实体模型差集运算

实体模型之间的差集运算，就是从一个模型中减去另一个模型与其相交的部分。

①重复上一节步骤①至步骤⑧，分别创建一个球体和立方体。

②在"实体编辑"工具栏中单击"差集"按钮⑩。

③文本行显示"_subtract 选择要从中减去的实体或面域…";命令行中提示"选择对象",在视图中单击立方体,并按回车键。

④文本行显示"选择要减去的实体或面域…";命令行中提示"选择对象",在视图中点击球体,并按回车键。

⑤此时从立方体中挖出了球体与其重叠的部分,如图 10.4 中"差集"后所示。

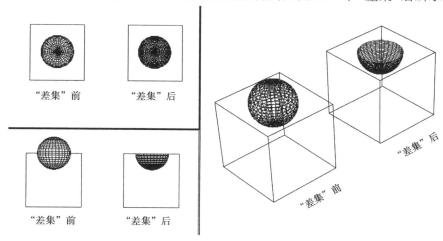

图 10.4 "差集"操作前后

10.1.3 实体模型交集运算

实体模型的交集运算就是将两个或多个实体模型重叠的公共部分保留下来,去除其他的部分。

①重复 10.1.1 节步骤①至步骤⑧,分别创建一个球体和立方体。

②在模型"实体编辑"工具栏中单击"交集"按钮⚙。

③在视图中单击立方体和球体,并按回车键。

④创建两个模型相交的部分,也就是在 10.1.2 节立方体中挖出去的部分,如图 10.5 中"交集"后所示。

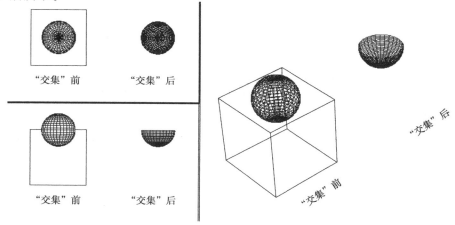

图 10.5 "交集"操作前后

10.2 修改实体模型的面

实体模型具有多个面,因此通过对面的修改编辑,可以改变整个实体模型的型体。

10.2.1 拉伸实体模型对象上的面

使用拉伸面命令,能沿垂直于面的方向或沿一条路径拉伸实体模型的平面,可指定一个高度值或倾斜角。

> 👉 特别提示
>
> "绘图"→"建模"→"拉伸命令▣与修改"→"实体编辑"→"拉伸面"命令在各自的"建模""实体编辑"工具栏中的"拉伸面"按钮▣的功能是不同的,这个按钮是针对实体模型对象表面上的一个面进行拉伸的。"建模"工具栏中的"拉伸"按钮是针对二维图形和面域进行拉伸,能产生有三维厚度的实体模型。

①在命令行输入"box",并按回车键。

②命令行提示"指定第一个角点或[中心点(CE)]:",在视图中单击。

③命令行提示"指定其他角点或[立方体(C)/长度(L)]:"输入字母"L",选择长度选项,按回车键。

④命令行提示"指定长度",输入"100",按回车键。

⑤命令行提示"指定宽度",输入"50",按回车键。

⑥命令行提示"指定高度",输入"50",按回车键。长方体创建完成,通过上述步骤操作得到的实体模型以文件名"10.5 长方体.dwg"保存于素材文件夹中。

⑦选择"视图"→"视口"→"三个视口"命令,并按回车键,绘图区更改为3个视口。

左上角保持为默认的俯视图,单击左下角的视口,选择菜单命令"视图"→"三维视图"→"左视",此时该视口将从左侧观察实体模型;单击右侧视口,选择菜单命令"视图"→"三维视图"→"西南等轴测",该视口将从西南方向观察长方体,如图10.6(a)所示。

⑧在"实体编辑"工具栏中单击"拉伸面"按钮▣。

⑨命令行提示"选择面或[放弃(U)/删除(R)]:",在左视图中长方体的面上单击,此时该面及另两个视口中长方体的左端面以虚线显示,如图10.6(b)所示,按回车键。

⑩命令行提示"指定拉伸高度或[路径(P)]:",输入"10",按回车键。

⑪命令行提示"指定拉伸的倾斜角度<0>:",输入"20",按3次回车键。

⑫长方体左侧面被拉伸并创建了新的倒角面,如图10.6(c)所示。

通过上述步骤操作得到的实体模型以文件名"10.6a 拉伸面.dwg"保存于素材文件夹中。

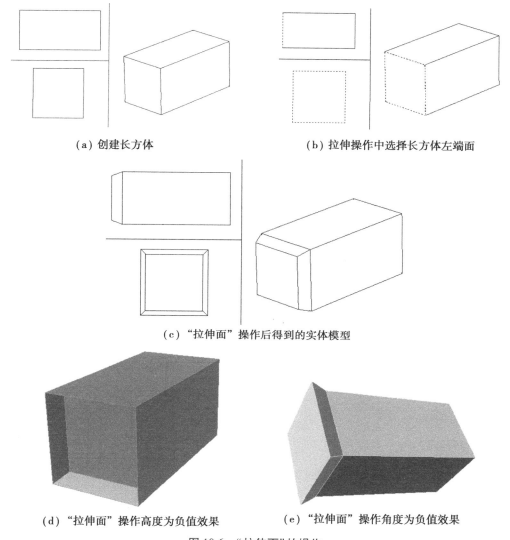

（a）创建长方体 （b）拉伸操作中选择长方体左端面

（c）"拉伸面"操作后得到的实体模型

（d）"拉伸面"操作高度为负值效果 （e）"拉伸面"操作角度为负值效果

图 10.6 "拉伸面"的操作

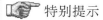 特别提示

例中步骤⑩的拉伸高度为负值,选定的面将退缩向内移动,新产生 4 个凹陷倾斜的面,如图 10.6(d)所示。

如果输入负角度值,选定的面将向外产生倾斜的面,如图 10.6(e)所示。

默认角度为 0,效果为垂直于平面拉伸/收缩面。

10.2.2 沿路径拉伸面

①打开素材文件"10.6a 拉伸面.dwg",选择菜单命令"绘图"→"直线",在左上角的俯视图中单击并拖动鼠标,绘制一条直线,如图 10.7(a)所示。

②单击右视口,选择菜单命令"修改"→"实体编辑"→"拉伸面",或单击"实体编辑"

工具栏 按钮。

③命令行提示"选择面或［放弃(U)/删除(R)］"，在"西南等轴测"视图中长方体的右侧面内单击，此时各视口中长方体相应位置会虚线显示，如 10.7(b)所示，按回车键。

④命令行提示"指定拉伸高度或［路径(P)］"，输入字母"P"，选择路径选项，按回车键。

⑤命令行提示"选择拉伸路径"，在当前视口中单击直线对象，按两次回车键，此时选择的面会沿着直线确定的角度和长度进行拉伸，如图 10.7(c)所示。

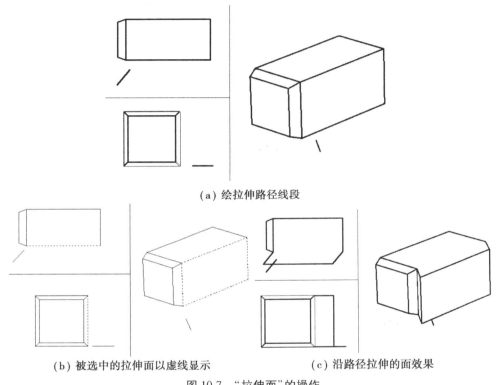

(a) 绘拉伸路径线段

(b) 被选中的拉伸面以虚线显示　　　(c) 沿路径拉伸的面效果

图 10.7　"拉伸面"的操作

☞ 特别提示

　　面是沿着一个基于路径的曲线(直线、圆、圆弧、椭圆、椭圆弧、多段线或样条曲线均可)进行拉伸的。但是这个拉伸的路径不能和选定的面位于同一个平面，也不能有过分大的曲率。

10.2.3　移动实体模型上的面

　　移动面命令可以将模型中的面移至指定的位置，但不更改其方向。在实体模型中，可以轻松地将孔从一个位置移到另一个位置。

①选择菜单命令"文件"→"打开",打开 10.2.1 节中保存的文件"10.6a 拉伸面.dwg"。

②在"实体编辑"工具栏中单击"移动面"按钮。

③根据命令行的提示,在左下角的左视图中的实体模型中央或在西南等轴测视图中左端面内单击,选中的面会虚线显示,按回车键。

④命令行提示"指定基点或位移:",在左上角的俯视图中单击一点为基点。

⑤命令行提示"指定位移的第二点:",向左移动鼠标,在俯视图中单击另一点为面移动的目标点,移动面操作完成后效果如图 10.8 所示。

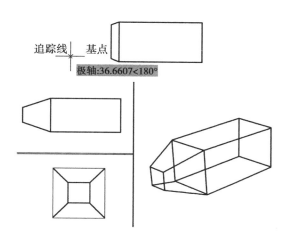

图 10.8　移动面修改模型

 特别提示

指定位移的第二点时,也可以输入第二点的世界坐标值,或相对坐标值来确定要拉伸的参数。

以上移动面的操作同拉伸面的效果相同,但"拉伸面"仅对平面有效,而"移动面"可实现实体模型的孔内壁和嵌入模型的实体曲面进行移动操作。

⑥打开素材文件"10.9a 移动面.dwg",单击实体编辑工具栏上"移动面"按钮,命令行提示"选择面或〔放弃(U)/删除(R)〕:",在模型圆孔的内壁单击选择面,按回车键。此时选中的面以虚线显示,如图 10.9(a)所示。

⑦命令行提示"指定移动距离:",在屏幕适当位置单击鼠标,沿 x 轴方向移动鼠标直到追踪线出现,通过键盘输入"30",如图 10.9(b)所示。按回车键。圆孔的位置将沿指定方向移动 30 个长度单位距离。

⑧参照步骤⑥、⑦的操作,选择嵌入的圆柱体的侧面,可将嵌入体移动,移动后的效果如图 10.9(c)所示。

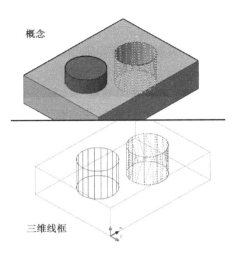

概念

三维线框

（a）执行"移动面"命令并选择圆孔内壁

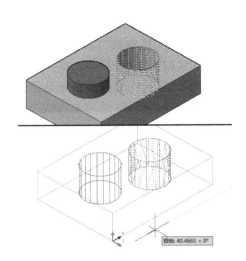

极轴 40.4663 < 0°

（b）执行移动面命令时确定移动方向

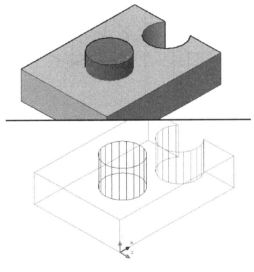

（c）执行"移动面"命令后的效果

图 10.9 "移动面"命令的操作

10.2.4 偏移实体模型上的面

在实体模型上，可以按指定的距离偏移面。将现有面从原位置向内或向外偏移指定的距离来改造实体模型。可以使用此命令改变实体模型对象上孔径的大小。

①打开素材文件"10.9a 移动面.dwg"，单击"实体编辑"工具栏上"移动面"按钮 ，命令行提示"选择面或［放弃（U）/删除（R）］："，在模型圆孔的内壁单击选择面，按回车键，此时选中的面以虚线显示。

②命令行提示"指定偏移距离："，输入"10"，按回车键。圆孔的直径将缩小 10 个长度单位，得到的模型如图 10.10（a）所示。如果输入负值，圆孔的直径将会扩大。

③参照步骤①、②的操作,选择嵌入体"圆柱体"的侧面,可将嵌入体"圆柱体"直径扩大,执行命令后的效果如图 10.10(b)所示。如果输入负值,"圆柱体"的直径将缩小。

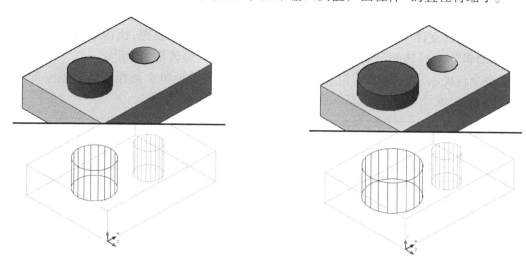

(a) 执行"移动面"命令缩小模型孔径　　　　(b) 执行"移动面"命令扩大嵌入圆柱体直径

图 10.10　"移动面"的操作

10.2.5　删除实体模型上的面

"删除面"命令可以从实体模型对象上删除选择的面、圆角和倒角等。但并不是所有模型中的面都能删除,只有在删除选择的面之后,对象仍然是一个实体模型时,删除面操作才可进行。例如一个长方体就无法删除任何一个面。

①选择菜单命令"文件"→"打开",打开 10.2.3 节中保存的文件"10.8 移动面.dwg"。

②在"实体编辑"工具栏中单击"删除面"按钮。

③在左下角的左视图中单击倾斜的左右两个侧面,选中面会虚线显示,如图 10.11(a)所示。

④按 3 次回车键,删除选中的倾斜面之后,实体模型对象如图 10.11(b)所示。

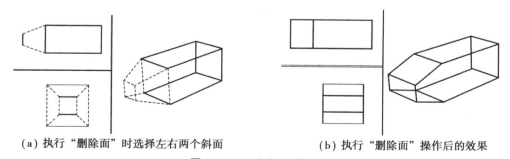

(a) 执行"删除面"时选择左右两个斜面　　　　(b) 执行"删除面"操作后的效果

图 10.11　"删除面"的操作

10.2.6　旋转实体模型上的面

"旋转面"命令可以通过选择基点指定的轴,将实体模型上选定的面或特征集合旋转指定的角度。当前 UCS 坐标和系统变量 ANGDIR 设置决定旋转的方向。

系统变量 ANGDIR 设置正角度的方向。从相对于当前 UCS 方向的 0°测量角度值。

ANGDIR = 0，为逆时针；ANGDIR = 1，为顺时针。

①打开素材文件"10.12a 旋转面.dwg"，选择"西南等轴测"视图，执行菜单命令"修改"→"实体编辑"→"旋转面"，或单击"实体编辑"工具栏中"旋转面"按钮 🔄。

②命令行提示"选择面或［放弃（U）/删除（R）］："，鼠标单击选择模型内挖空部分的面，被选中的以虚线显示，完成后如图 10.12（a）所示，按回车键。

👉 **特别提示**

在选择面的操作中，单击实体模型的轮廓线会同时选中两个面，按下<Shift>键，再次单击已选择的面，则该面会退出选择，利用这两个特点，可解决模型在轴测图显示情况下，背离观察方向的面的选择问题。

---

③命令行提示"指定轴点或［经过对象的轴（A）/视图（V）/X 轴（X）/Y 轴（Y）/Z 轴（Z）］<两点>："，捕捉并单击右下方已选择面的上边线中点和下边线中点，两点连线即作为旋转轴，按回车键。

④命令行提示"指定旋转角度或［参照（R）］："，输入"15"，按回车键。

⑤旋转面命令操作完成后将实体模型挖空部分沿指定轴方向旋转 15°，如图 10.12（b）所示。

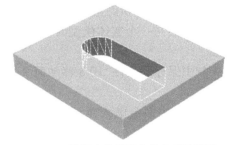 

（a）选择实体模型内挖空部分的面　　　　　　　　（b）旋转面效果

图 10.12　"旋转面"的操作

10.2.7　倾斜实体模型上的面

"倾斜面"命令可以将实体表面按照指定的方向和角度进行倾斜。以正角度倾斜选定的面将向内倾斜面，以负角度倾斜选定的面将向外倾斜面。如果角度过大时，程序会拒绝执行倾斜操作。

①选择菜单命令"绘图"→"建模"→"长方体"，命令行提示"指定第一个角点或［中心（C）］："，在视图中单击。

②命令行提示"指定其他角点或［立方体（C）/长度（L）］："，输入"C"，按回车键。

③命令行提示"指定高度或［两点（2P）］："，输入"500"，按回车键，创建一个立方体。

④在"实体编辑"工具栏中单击"倾斜面"按钮 🔄，在视图中单击立方体的左侧面，该面

会变为以虚线显示,按回车键。

⑤命令行提示"指定基点:"捕捉并单击面的 A 点;命令行提示"指定沿倾斜轴的另一个点:"捕捉并点击面的 B 点,如图 10.13(a)所示。

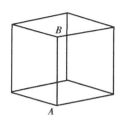

（a）指定倾斜面、基点及
倾斜轴的另一个点

（b）倾斜面操作效果

图 10.13　倾斜实体模型上的面

⑥命令行提示"指定倾斜角度:",输入旋转角度值"20",按 3 次回车键,选择面顺时针倾斜 20°,如图 10.13(b)所示。

10.2.8　复制实体模型上的面

使用"复制面"命令可以将实体模型对象上选择的面复制出来,成为一个面域对象。

①在"实体编辑"工具栏中单击"复制面"按钮，单击模型的一个面,按回车键。

②命令行提示"指定基点或位移:",在辅助工具"对象捕捉"开的情况下,在视图中捕捉并点击实体模型中的 A 点。

命令行提示"指定位移的第二点:",在 B 点的位置点击,如图 10.14(a)所示。

③此时在 B 点的位置即可创建一个选择面的复制品,如图 10.14(b)所示。按回车键结束操作。

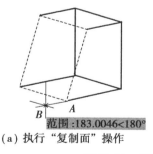

范围:183.0046<180°

（a）执行"复制面"操作

（b）复制面结果

图 10.14　复制实体模型上的面

10.2.9　为实体模型上的面着色

面着色命令可以赋予或改变实体模型上被选择面的颜色,也可使不同的面具有不同的颜色。

①在"实体编辑"工具栏中单击"着色面"按钮🔲。

②在打开的模型文件视图中单击模型的某一或多个侧面,单击选中的面会以虚线显示,按回车键后会弹出"选择颜色"对话框,如图 10.15 所示。在对话框中选择某一颜色,单击"确定"按钮即可将实体模型被选择面的颜色更改为选定色。

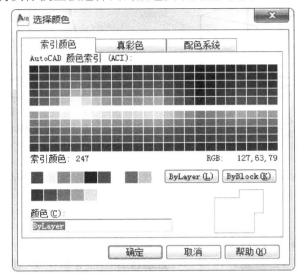

图 10.15 "选择颜色"对话框

10.3 修改实体模型的边

10.3.1 修改模型对象边的颜色

实体模型可以改变选择面的颜色,同样也可以改变选择边的颜色。需要注意的是,使用"着色边"命令改变了边的颜色,但面的颜色不会改变。

①在"实体编辑"工具栏中单击"着色边"按钮🔲。

②在视图中单击实体模型的一条边或多条边,被单击的边线会以虚线显示,按回车键,弹出"颜色选择"对话框,如图 10.15 所示,在对话框中选择一种颜色,单击"确定"按钮。

③被选中并以虚线显示的边就会以选定的颜色显示。

10.3.2 复制模型对象的边

复制边命令可以将实体模型上选择的边复制出来,成为一个直线对象。如果选择了两个以上的边,创建的复制品,将是多条直线,即便相邻也不是一条多段线。

①在"实体编辑"工具栏中单击"复制边"按钮🔲,命令行提示"选择边或 [放弃(U)/删除(R)]:"。

②在视图中点击实体模型的一条或若干条边,被单击选中边线会以虚线显示,如图 10.16(a)所示,按回车键。

③命令行提示"指定基点或者位移:",在视图中适当位置单击"确定基点"。

④命令行提示"指定位移的第二点:",向左移动鼠标,在适当位置单击鼠标确定第二点,按回车键两次,结束操作。此时在模型的左边位置创建了边的复制品直线,如图10.16(b)所示。

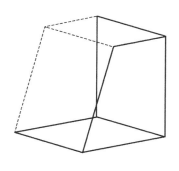

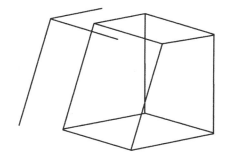

(a) 选择要复制的边　　　　　　　　　(b) 执行"复制边"命令得到的线段

图 10.16　复制模型对象的边

10.4　修改实体模型

10.4.1　实体模型的倒角

实体模型的倒角使用的是菜单命令"修改"→"倒角",这与二维图形的倒角命令相同。

①创建一个立方体,方法见10.2.7节步骤①、②、③。

②在"修改"工具栏中单击"倒角"按钮，或选择菜中命令"修改"→"倒角"。

③在视图中点击立方体的 AB 边,这时与 AB 边相交的两个面中的一个面会虚线显示,说明该面被选中,如图 10.17(a)所示。

④命令行提示"输入曲面选择选项[下一个(N)/当前(OK)]<当前(OK)>",如果虚线的面不是需要倒角的面,应输入"N",按回车键,即可选中另一个面。

⑤命令行提示"指定基面的倒角距离<×××>",输入"50",按回车键。

⑥命令行提示"指定其他曲而的倒角距离<×××>",输入"50",按回车键。

⑦命令行提示"选择边或[环(L)]",由于选择的面是一个封闭的对象,可以看作一个环,默认为环(L),按回车键。

⑧命令行提示"选择边环或[边(E)]",再次单击顶面的边 AB,即可创建倒角,如图 10.17(b)所示。

⑨如果在步骤⑦没有输入 L,也可以直接单击需要倒角的某一条边或多条边。例如单击 AB 边,再单击 AC 边,按回车键,将创建 AB、AC 边的倒角,如图 10.17(c)所示。

如果选择了顶端面的 4 条边,得到的效果与图 10.17(b)相同。

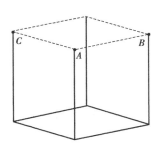 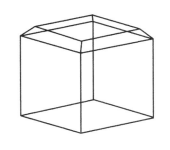 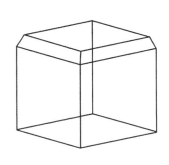

(a)选择 *AB* 为倒角的边　　　(b)与 *AB* 边构成的"环"实现倒角　　　(c)*AB* 边和 *AC* 边实现倒角

图 10.17　实体模型边的倒角

10.4.2　实体模型倒圆角

实体模型倒圆角使用的是菜单命令"修改"→"圆角",与二维图形的倒圆角命令相同。

①创建一个立方体,方法见 10.2.7 节步骤①、②、③。

②在"修改"工具栏中单击"圆角"按钮 ,或选择菜单命令"修改"→"圆角"。单击实体模型上需要进行倒圆角的边 *AB*,*AB* 边虚线显示,如图 10.18(a)所示。

③命令行提示"输入圆角半径",输入"50"。

④命令行提示"选择边或[链(C)/半径(R)]",单击模型上的其他边 *CD*、*AE*、*EF*,按回车键。

⑤选择的 4 条边 *AB*、*CD*、*AE*、*EF*,创建了圆角,如图 10.18(b)所示。

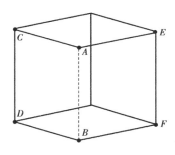 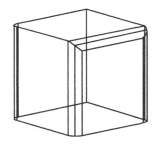

(a)选择 *AB* 为倒圆角的边　　　　　　　　　　(b)倒圆角边

图 10.18　实体模型边的倒圆角

10.4.3　分解实体模型

实体模型可以分解为多个面的,使用"修改"工具栏"分解"按钮 或菜单命令。"修改"→"分解",将模型分解为一系列的面域和主体。模型中的"面"被转换为面域,曲面部分会转化为主体。并且这些面域和主体还可以继续使用分解命令进一步分解直至为基本图元,如直线、圆及圆弧等。

①在"修改"工具栏中单击"分解"按钮 。

②单击实体模型,例如单击一个倒角立方体,按回车键,分解操作完成。

③在"修改"工具栏中单击"移动"按钮✛,分别单击分解后的对象并移动它们,可以看到分解后的立方体被转换成多个面域和主体,如图 10.19(a)所示。

④将顶面和倒角曲面作为继续分解的对象。再次单击"分解"按钮🗔。单击选择顶面和圆角曲面主体对象,按回车键,完成再次分解。使用"移动"命令移动二次分解后的对象,可看到其为直线和圆弧,如图 10.19(b)所示。

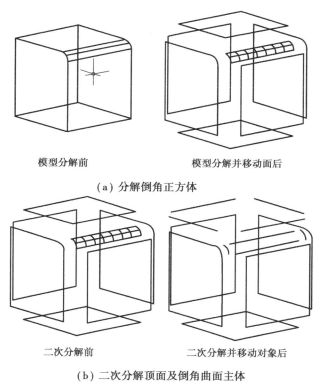

模型分解前　　　　　　　　　模型分解并移动面后

（a）分解倒角正方体

二次分解前　　　　　　　　　二次分解并移动对象后

（b）二次分解顶面及倒角曲面主体

图 10.19　分解实体模型

10.4.4　剖切实体模型

剖切实体模型就是切开已有实体模型并可移除未指定的部分,从而创建新的实体模型。用户既可以选择保留剖切实体模型的一部分,也可保留全部。剖切是"修改"菜单的"三维操作"命令。剖切模型的默认方法是:先指定三点定义剪切平面,然后选择要保留的部分。也可以通过其他对象、当前视图、z 轴或 XY、YZ 或 ZX 平面来定义剖切平面。

①打开 10.2.6 节中保存的"10.12a 旋转面.dwg"图形文件。

②启用剖切实体模型命令,常有 3 种方法:

a.选择菜单命令"修改"→"三维操作"→"剖切"。

b.在命令行输入"slice",并按回车键。

c.在面板"三维制作"工具组中,单击"剖切"按钮📐。

③命令行提示"选择对象",单击要剖切的实体模型对象,按回车键。

④命令行提示"指定切面上的第一个点,依照[对象(O)/Z 轴(Z)/(视图)(V)/XY

平面(XY)/YZ 平面(YZ)/ZX 平面(ZX)/三点(3)]<三点>",开启辅助工具"对象捕捉",捕捉并单击实体模型上的 A 点。

命令行提示"指定平面上的第二个点",捕捉并单击实体模型上的 B 点。

命令行提示"指定平面上的第三个点",捕捉并单击实体模型上的 C 点。

通过指定 3 个点确定了剖切平面为 ABCD,如图 10.20(a)所示。

⑤命令行提示"在所需的侧面上指定点或[保留两个侧面(B)]<保留两个侧面>:",在"ABE 3 点构成的区域内单击,剖切操作完成,剖切后的实体模型如图 9.20(b)所示。

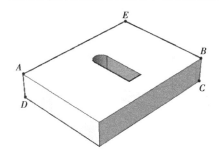
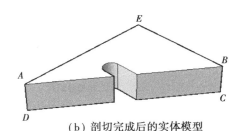

(a) 通过捕捉并单击 3 个点确定剖切平面为 ABCD   (b) 剖切完成后的实体模型

图 10.20 "剖切面"的操作

特别提示

默认为保留两个侧面,在步骤⑤时直接按回车键会将剖开的两部分模型都保留下来。

10.4.5 抽壳实体模型

抽壳是以指定的距离在已有实体模型的内部或外部创建壳体,此操作会产生新的面。

①创建一个长宽高为 500 的正方体,方法见 10.2.7 节内容。

②执行抽壳命令,可以在"实体编辑"工具栏中单击"抽壳"按钮█,或者选择菜单命令"修改"→"实体编辑"→"抽壳"。

③单击正方体,命令行提示"删除面或[放弃(U)/添加(A)]",单击正方体的顶端面,按回车键。即顶端面不抽壳。

④命令行提示"输入抽壳偏移距离",输入"50",按 3 次回车键,创建的抽壳对象如图 9.21 所示。

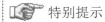特别提示

如果不选择任何端面,直接按回车键,那么会得到一个有厚度的空心模型;抽壳的距离为正值,表示向内抽壳,为负值,表示向外抽壳。

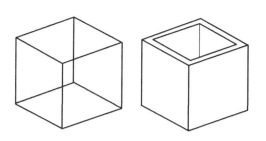

图 10.21 正方体抽壳操作前后对照

10.5 综合实例:修改组合实体模型

通过本节实例,练习实体模型的布尔运算,并修改模型的边界为倒角。

①选择菜单命令"绘图"→"建模"→"长方体",在俯视图中单击确定长方体的角点,在命令行输入字母"L",按回车键,输入长度值"106",按回车键,输入宽度值"144",按回车键,输入高度值"126",按回车键。

②选择菜单命令:"视图"→"三维视图"→"西南等轴测",创建的长方体如图10.22(a)所示。

③选择菜单命令"绘图"→"建模"→"长方体",在俯视图中单击确定长方体的角点,在命令行输入字母"L",按回车键,输入长度值"106",按回车键,输入宽度值"90",按回车键,输入高度值"46",按回车键。

④创建长方体,如图 10.22(b)中 A 所示。

⑤选择菜单命令"修改"→"移动",单击第二个长方体,按回车键,单击西南角点,在命令行输入移动目标点的坐标"@ 0,0,48",按回车键,长方体在 z 轴向上移动位置,如图10.22(b)中 B 所示。

⑥选择菜单命令"修改"→"实体编辑"→"差集",单击第一个长方体,按回车键,再单击第二个长方体,按回车键,得到一个差集三维组合模型。

⑦选择菜单命令"视图"→"视觉样式"→"三维隐藏",三维组合模型如图 10.22(c)所示。

⑧选择菜单命令"修改"→"倒角",单击 AB 边,ABCD 面以虚线显示,按回车键,选择的面为基面,如图 10.22(d)中 A 所示。

⑨在命令行输入指定基面的倒角距离"21",按回车键。

⑩在命令行输入其他曲面的倒角距离"32",按回车键。

⑪单击边 AC 和 BD,两条边会虚线显示,如图 10.22(d)中 B 所示。

⑫按回车键,创建倒角,如图 10.22(d)中 C 所示。

⑬选择菜单命令"视图"→"三维视图"→"西北等轴测",选择菜单命令"修改"→"倒角",单击 EF 边,EFGH 面变为以虚线显示,按回车键,选择的面为基面,如图 10.22(e)中 A 所示。

⑭在命令行输入指定基面的倒角距离"20",按回车键。

⑮在命令行输入其他曲面的倒角距离"32",按回车键。

⑯单击边 *EF*，该边会以虚线显示，如图 10.22(e)中 B 所示。

⑰按回车键，创建倒角，如图 10.22(e)中 C 所示。

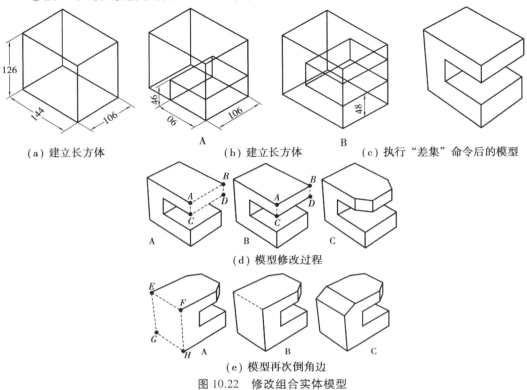

(a) 建立长方体　　　　(b) 建立长方体　　　　(c) 执行"差集"命令后的模型

(d) 模型修改过程

(e) 模型再次倒角边

图 10.22　修改组合实体模型

本章小结

　　本章讲解了修改实体模型常用的"实体编辑"和"三维操作"命令,通过使用这些命令可对模型进行各种修改。应当熟练掌握使用布尔运算组合实体模型对象,通过修改实体模型的面、边和对实体模型进行三维操作,编辑出更加复杂的模型造型。有些修改命令既可以用于二维图形,也能用于三维模型,应注意操作中的不同之处。

习题与实训

一、简答题

　　1.能够生成倾斜面的命令有哪些?

　　2.改变孔、槽、面位置的命令有哪些?

　　3.三维倒角与二维倒角的区别是什么?

二、绘图题

　　创建凳子实体模型如图 10.23(a)所示,模型由两个部件组成,如图 10.23(b)所示。

（a）板凳

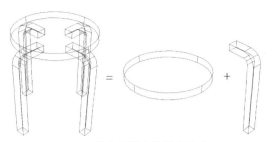

（b）板凳实体模型构成

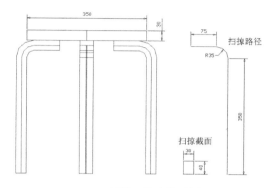

（c）板凳三维建模要领

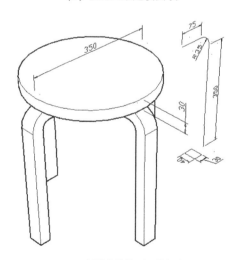

（d）板凳实体模型三维标注

图 10.23　创建凳子实体模型

第11章

布图与打印

【知识提要】

打印输出图纸是计算机绘图的最后一项关键工作,根据图形的大小和图形需要,用户可以在模型空间中直接打印出图,也可以在图纸空间利用布局进行打印出图。

【学习目标】

①了解模型空间和图纸空间的概念。

②掌握模型空间和图纸空间的切换。

③掌握模型空间出图。

④掌握图纸空间出图。

11.1 模型空间与图纸空间

11.1.1 模型空间与图纸空间的概念

AutoCAD 有两种图形环境,即模型空间和图纸空间,模型空间主要进行图形绘制和建模,图纸空间主要是图纸布局和出图工作。

(1)模型空间

模型空间是一个三维空间,设计者一般在模型空间完成其主要的设计构思,例如第 7 章就详细介绍了如何在模型空间中绘制建筑平面图、建筑立面图、建筑剖面图。需要注意的是,在通常情况下,在模型空间中绘图是按照 1:1 的实际尺寸进行绘图。在默认情况下,系统都是在模型空间绘图,并从该空间出图,可以打印输出二维图形对象,也可以打印输出三维图形对象,但是都只能以单个视口的形式打印输出。

(2)图纸空间

图纸空间又称为布局,是二维图形环境,在图纸空间可以创建一个或多个布局,每个布局都可以包含不同的打印设置和图纸尺寸。在每一个布局中都可以根据需要建立一个或多个浮动视口,还可以添加图框、标题栏、注释等内容。每个视口都能以不同的指定比例显示在模型空间中绘制的图形。因此,图纸空间能够实现输出效果的多样化。

11.1.2 模型空间与图纸空间的切换

实现模型空间和图纸空间之间的切换有下述几种方式。

①在 AutoCAD 2010 工作界面中,用户可以在绘图区下方显示的"布局和模型"选项卡上访问和切换空间,如图 11.1 所示。用户可以在"布局和模型"选项卡上单击鼠标右键,在弹出的快捷菜单中选择"隐藏布局和模型选项卡",如图 11.2 所示。设置为隐藏后,系统将会在状态栏中出现"模型"和"布局"按钮▣▣,在该按钮上悬停鼠标并单击右键,就可以在弹出的快捷菜单中选择"显示布局的模型选项卡"选项。

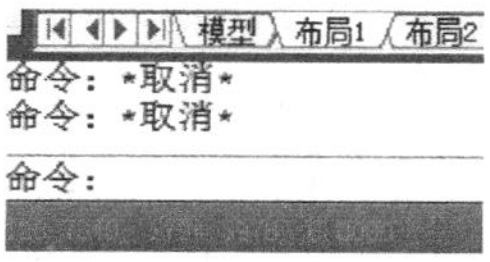

新建布局(N)

来自样板(T)…

删除(D)

重命名(R)

移动或复制(M)…

选择所有布局(A)

激活前一个布局(L)

页面设置管理器(G)…

打印(P)…

将布局作为图纸输入(I)…

将布局输出到模型(X)…

隐藏布局和模型选项卡

⎸⎹◀▶▶⎹ \模型\布局1 /布局2
命令:*取消*
命令:*取消*
命令:

图 11.1 布局和模型选项卡 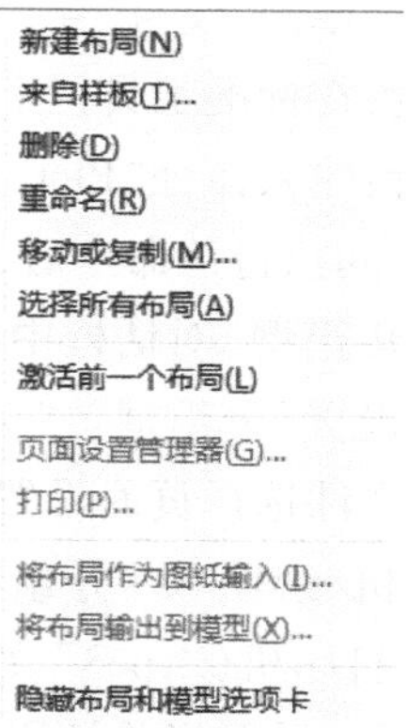　　　　　　　　**图 11.2 布局和模型选项卡快捷菜单**

②使用"快速查看布局"和"快速查看图形"按钮▣▣。在状态栏单击"快速查看布局"

按钮,程序将会弹出如图 11.3 所示的快速查看窗口。用户可以在该窗口中快速查看模型空间和多个布局(图纸空间)的情况,并可以通过单击方便地进行空间的切换。

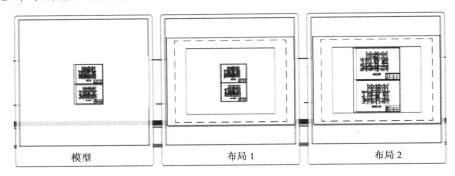

图 11.3　快速查看窗口

③在布局的一个视口内双击鼠标左键,进入视口,就可以对模型空间下创建的图形进行编辑。编辑完成后,在视口外再次双击鼠标左键,则可以切换回图纸空间。

④当处于布局中时,在命令行键入"mspace"可以切换到模型空间,键入"pspace"又可以切换回图纸空间。

11.2　布图打印

11.2.1　模型空间输出图形

在模型空间中,如果每张图(包括图框)都已经绘制好并且布置好,就可以在模型空间出图。在模型空间出图很方便,它省去了在图纸空间中创建视口的过程,并且在模型空间中就能直观地看到所绘图纸的全貌。

(1)打印输出命令的调用

可采用下列操作方法之一调用命令。

①菜单栏:单击"文件"→"打印"菜单。

②工具栏:在标准工具栏上单击"打印"按钮 🖶。

③命令行:输入命令"Plot"。

在模型空间执行该命令后,将打开如图 11.4 所示的对话框。

(2)"打印-模型"对话框中各分组框说明

①"页面设置"分组框。"名称"下拉列表框:显示一个已被命名及保存的页面设置列表,也可以从文件选择页面设置;"添加"按钮:单击该按钮可以命名一个新的页面设置。

②"打印机/绘图仪"分组框。"名称"下拉列表框:可选择 Windows 系统打印机或 AutoCAD 内部打印机(".pc3"文件)作为输出设备,这两种打印机名称前的图标是不一样的;"特性"按钮:设置当前打印机的特性。单击该按钮,将打开"绘图仪配置编辑器"对话框,如图 11.5 所示。在该对话框中用户可以重新设定打印机的端口及其他输出设置,如打印介质、自定义特性、自定义图纸尺寸及绘图仪校准等。

图 11.4 "打印-模型"对话框

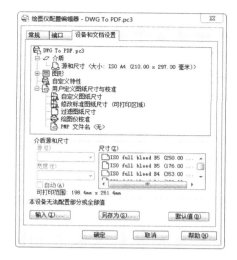

图 11.5 "打印机配置编辑器"对话框

③"图纸尺寸"分组框。该下拉列表框用于选择图纸尺寸。

④"打印区域"分组框。单击该下拉列表框,可看到选择打印范围的方法有"窗口""范围""图形界限""显示"4 个选项。在模型空间中打印出图,建议大家用最容易掌握的"窗口"选项。单击"窗口"按钮,在绘图屏幕窗选需要打印的部分,返回"打印-模型"对话框。

⑤"打印偏移"分组框。"X""Y"文本框:设定 X 和 Y 方向上的打印偏移量;"居中打印"复选框:可用于居中打印图形。

⑥"打印份数"。设置需要的打印份数。

⑦"打印比例"分组框。可选择"布满图纸"复选框,使图形以最大的比例打印在当前图纸上。从模型空间打印图形时,默认设置就是"布满图纸";"比例"下拉列表框:用于设置打印的比例。如果是图纸空间,出图比例恒为 1:1;"毫米""单位":用于自定义输出单位;"缩放线宽":用于控制线宽输出是否受比例的影响。

⑧"预览"按钮:用于预览图形输出效果。

⑨"更多选项"按钮:AutoCAD 2006 以后版本下的打印对话框更加简洁方便,将一些不太常用的选项折叠起来,通过单击按钮,可以展开打印样式表、着色视口选项、图形方向等选项。

(3)在模型空间打印出图实例

通过第 7 章的学习,已经绘制好了"首层平面图"和"标准层平面图"(都已经保存),它们的绘图比例均为 1:100,为了节省图纸,现将它们布置在一起输出到 A2 幅面的图纸上,具体步骤如下所述。

①执行菜单命令"文件"→"新建",建立一个新文件。

②在命令行中输入"I"插入块命令,打开"插入"对话框,再单击"浏览"按钮,打开"选择图形文件"对话框,通过该对话框找到要插入的"首层平面图"图形文件,设定插入文件时的比例为 1。

③用与第二步相同的方法插入文件"标准层平面图",插入时的比例为 1。

④使用 MOVE 命令调整图形的位置,如图 11.6 所示。

⑤执行菜单命令"文件"→"打印",打开"打印-模型"对话框。

⑥在该对话框中进行下述设置。

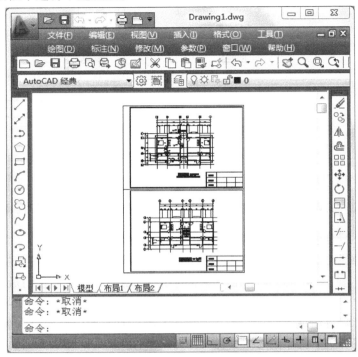

图 11.6　调整好位置的图形

a.在"打印机/绘图仪"分组框的"名称"下拉列表中选择打印设备"DWG To PDF.pc3"。

b.在"图纸尺寸"下拉列表中选择 A2 幅图的图纸。

c.在"打印样式表"分组框的下拉列表中选择打印样式"monochrome.ctb"(将所有颜色打印为黑色)。

d.在"打印范围"下拉列表中选取"窗口"选项,用"窗口"选择模式指定打印窗口区域。

e.在"打印比例"分组框中选取"布满图纸"复选框。

f.在"打印偏移"分组框中选取"居中打印"。

g.在"图形方向"分组框中选取"纵向"单选项。

⑦单击"预览"按钮,预览打印效果,如图 11.7 所示。若满意,单击"打印"按钮开始打印。

11.2.2　在图纸空间输出图形

AutoCAD 2010 打印功能得到极大加强,用户可以在同一文件中创建多个不同的布局,以便从不同的侧面展现同一幅图。在图形区域下面有缺省的两个布局选项卡:布局 1 和布局 2。当缺省状态下的两个布局不足以表达打印输出设置时,可以插入新的布局。

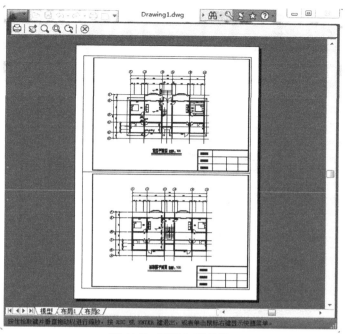

图 11.7　预览打印效果

（1）创建布局

创建布局可使用下述几种方式。

①菜单栏：单击"插入"→"布局"→"新建布局/来自样板的布局/布局向导"。

②工具栏：在布局工具栏上单击"新建布局"按钮 。

③命令行：输入命令"Layout"。

④快捷方式：在布局选项卡单击鼠标右键，在弹出的快捷菜单中选择"新建布局"。

（2）布图及出图

布图的方法是通过浮动视口显示图形，系统一般会自动在图纸上建立一个视口，用户也可通过"视口"工具栏上的按钮来创建自己需要的视口。可以认为视口是图纸空间上观察模型空间的一个窗口，该窗口的位置和大小都可以调整，窗口内图形的缩放比例可以设定。激活视口后，其所在范围就是一个小的模型空间，在其中用户可对图形进行各类操作。

（3）在图纸空间打印出图实例

下面将在一个布局上用两个视口显示平面图和局部平面图，并打印为 PDF 文件，图纸为 A2。操作步骤如下所述。

①打开实例，如图 11.8 所示。

②单击"布局 1"选项卡，或者自己新建一个布局。

③在"布局 1"选项卡上单击鼠标右键，弹出快捷菜单，选取"页面设置管理器"命令，将打开"页面设置管理器"对话框，单击"修改"按钮，弹出"页面设置—布局 1"对话框，选择打印机为"DWG To PDF. pc3"，图纸为"A2"，打印范围为"布局"，打印样式表为"monochrome.ctb"，图形方向为"横向"，单击确定，返回到"页面设置管理器"对话框。

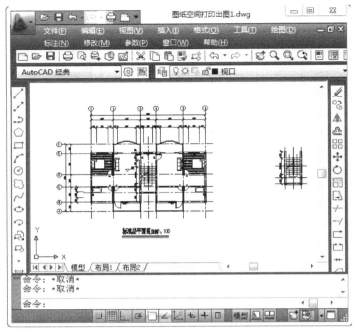

图 11.8　实例图

④单击"关闭"按钮,关闭"页面设置管理器"对话框。此时在屏幕上将出现一张 A2 幅面的图纸,图纸上的虚线代表可打印的区域,图框内部的小矩形是系统自动创建的浮动视口。

⑤用窗口方式选中系统创建的默认视口,按<Delete>键将其删掉,如图 11.9 所示,重新进行视口布置。

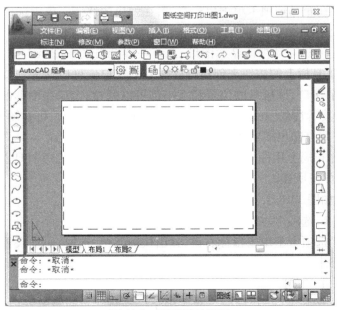

图 11.9　删除默认视口

⑥单击"图层特性管理器"按钮,新建"视口"图层,并置为当前。

⑦单击视口工具栏"显示视口对话框"按钮⫶。打开"视口"对话框,同时系统默认打开"新建视口"选项卡。在"标准视口"列表框中选择"两个:垂直"选项,如图11.10所示。

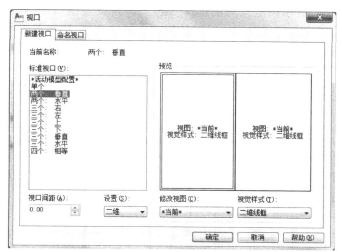

图11.10 "视口"对话框

⑧单击"视口"对话框中的"确定"按钮,此时系统提示:

命令:_vports

指定第一个角点或［布满(F)］<布满>: //指定图纸左下角点

指定对角点: //指定右上角点

正在重生成布局

正在重生成模型

此时,图纸指定区域变成两个视口,如图11.11所示。

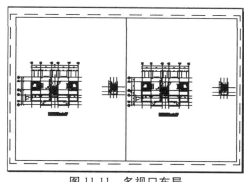

图11.11 多视口布局

⑨激活视口:在左侧视口内任意地方双击,视口界线变为粗线显示,则视口被激活。此时该视口相当于将笔伸进了模型空间,可以对视口内的图形进行缩放、平移和修改等工作。

⑩设定比例:单击视口工具栏中"视口缩放控制"下拉列表,设置左侧视口缩放比例为1:100。

⑪调整视口边框大小:单击视口边框,利用关键点编辑方式调整视口的大小,以便能显示完整的平面图。

⑫调整图形位置:单击"平移"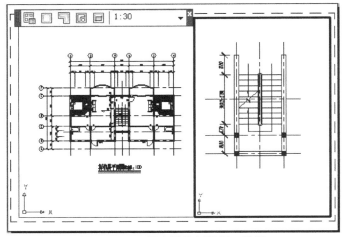按钮,平移图形到合适位置。

⑬在视口外任意区域双击鼠标,则取消当前视口激活状态,完成左视口的设置操作。

⑭锁定左视口显示比例:在左侧视口边界单击鼠标,选中该视口,单击鼠标右键,在弹出的快捷菜单中选择"显示锁定",然后选择"是"。一旦设置视口比例后,如果改变视口大小,则视口比例会同时改变,所以用户可以使用这个锁定功能,将设置好的视口锁定。

⑮右视口的操作:设置右侧视口缩放比例为1:30,参照前面步骤⑩—⑭,如图11.12所示。

⑯关闭"视口"图层,则隐藏掉视口边界,使图面整洁美观。

⑰在图层工具栏中将"图框"层置为当前图层,在布局1插入图框,如图11.13所示。注意,在布局中插入图框,图框恒按1:1插入,这一点与在模型空间插入图框不同。

图11.12　不同出图比例的视口设置

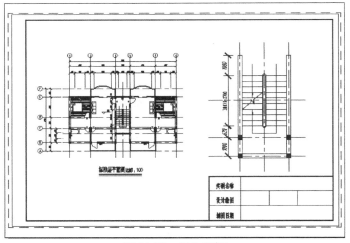

图11.13　插入图框

⑱单击标准工具栏"打印"按钮,在前面已进行页面设置,单击"预览"按钮,如果效果不满意,可以关闭预览重新设置。若单击"确定"按钮,将弹出"浏览打印文件"对话框,选择路径保存,如图11.14所示。

⑲打印完成。

图 11.14 "浏览打印文件"对话框

11.3 页面设置

本节将页面设置作为第二节的补充知识作一个简单的介绍。单击"文件"菜单下的"页面设置管理器",将弹出"页面设置管理器"对话框,如图 11.15 所示,单击"修改",弹出"页面设置—布局"对话框。在"页面设置—布局"对话框中选择打印机配置里的"特性"按钮,弹出"绘图仪配置编辑器"对话框,如图 11.16 所示。

(1)在页面设置中自定义图纸

在"绘图仪配置编辑器"对话框中单击"自定义图纸尺寸",选择"添加(A)"按钮,屏幕将弹出"自定义图纸尺寸-开始"对话框,如图 11.17 所示。选择"创建新图纸(S)",在对话框中依次设置好介质边界、可打印区域、图纸尺寸名、文件名,自定义图纸就完成了。

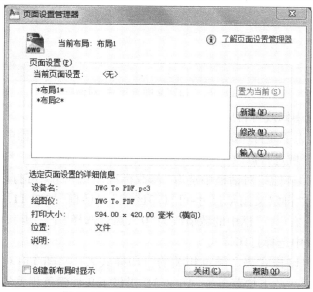

图 11.15 "页面设置管理器"对话框

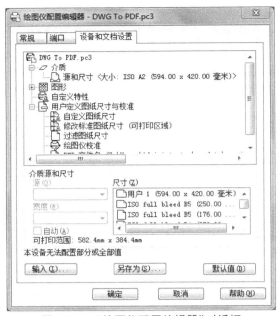

图 11.16　"绘图仪配置编辑器"对话框

图 11.17　"自定义图纸尺寸"对话框

（2）在页面设置中修改可打印区域

在通常情况下，为了使打印的图纸符合国家标准，一般采用下面的操作对所设打印机的所选图纸可打印区域进行修改。

在"绘图仪配置编辑器"对话框中选取"修改标准图纸尺寸（可打印区域）"，单击下方的"修改"按钮，弹出"自定义图纸尺寸-可打印区域"对话框，如图 11.18 所示，分别将"上（T）、下（O）、左（L）、右（R）"框中的数值改为"0"，然后选择"下一步"，单击"完成"按钮。

（3）在页面设置中选择打印样式

①颜色相关的打印样式表。颜色相关的打印样式表（＊.ctb）由对象的颜色决定其打印方式。在打印样式表的下拉菜单中，AutoCAD 提供了 9 种颜色相关的样式，天正提供了 1

种颜色相关的打印样式。其中,"acad.ctb"是系统默认打印样式表,"Monochrome.ctb"是打印时将所有颜色转换为黑色。

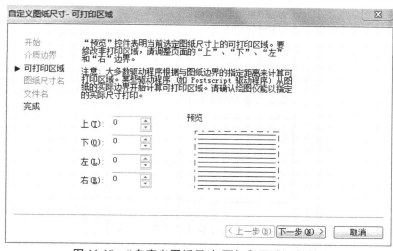

图 11.18 "自定义图纸尺寸-可打印区域"对话框

②命名打印样式表。命名打印样式表(* .stb)使用直接指定给对象和图层的打印样式,即命名打印样式可以独立于对象的颜色使用,可以给对象指定任意一种打印样式,而不管对象的颜色是什么。

③打印样式表类型的转换。每个图形只能在一种打印样式表中选择一种打印样式。用户可以在两种打印样式表之间转换。选择"工具"菜单下的"选项",单击"打印和发布"选项卡,如图 11.19 所示,选择"打印样式表设置",弹出"打印样式表设置"对话框,如图11.20所示,在该对话框中选择"使用颜色相关打印样式"或"使用命名打印样式"。

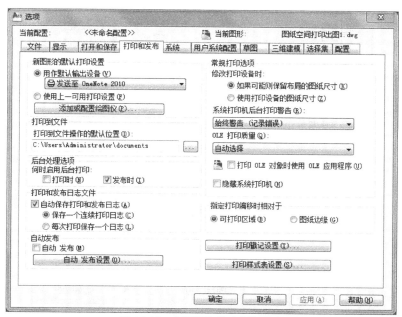

图 11.19 "打印和发布"选项卡

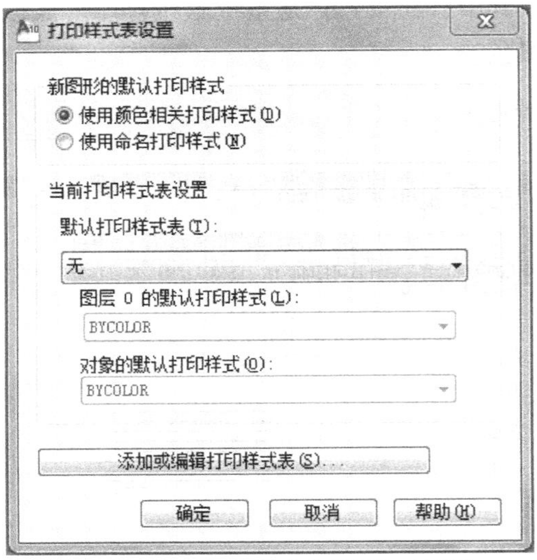

图 11.20 "打印样式表设置"对话框

④打印样式的选择与编辑。打印样式的选择:单击打印样式表(笔指定)选项组下方的下拉列表框,根据需要选择一种打印样式。

打印样式的编辑:点选打印样式后面的"编辑"按钮▣,弹出"打印样式表编辑器"对话框,如图 11.21 所示,在对话框中可以对笔的多种特性进行编辑,常用的特性有颜色(C)、笔号(N)、线宽(W)等。

图 11.21 "打印样式表编辑器"对话框

本章小结

　　本章详细介绍了模型空间和图纸空间的概念、两者相互切换的几种方法以及如何在模型空间和图纸空间打印出图。通过本章的学习,能够将所绘制的图形按要求输出到图纸上。

习题与实训

　　1.在模型空间中打印设置第 7 章所绘的"建筑立面图(1:100)",并进行打印预览。

　　2.在图纸空间中布局不同比例的图形,并进行打印预览。

附 录

附录 A　天正 TArch 2013 建筑设计软件

A.1　概　述

天正公司是由具有建筑设计行业背景的资深专家发起成立的高新技术企业,自 1994 年开始,AutoCAD 为图形平台成功开发建筑、暖通、电气、给排水等专业软件,是 Autodesk 公司在中国内地的第一批注册开发商。多年来,天正公司的建筑 CAD 软件在全国范围内取得了极大的成功,可以说天正建筑软件已成为国内建筑 CAD 的行业规范,它的建筑对象和图档格式已经成为设计单位之间、设计单位与甲方之间图形信息交流的基础,近年来,随着建筑设计市场的需要,天正日照设计、建筑节能、规划、土方、造价等软件也相继推出,公司还应邀参与了《房屋建筑制图统一标准》(GBT 50001—2010)、《建筑制图标准》(GBT 50104—2010)等多项国家标准的编制。

天正公司在经过多年刻苦钻研后,在 2001 年推出了从界面到核心全新的 TArch5 系列,采用 BIM 建筑信息模型概念进行软件研发,在国内首家推出了二维图形描述与三维空间表现一体化的自定义对象,从方案到施工图全程体现建筑设计的特点,在建筑 CAD 技术上掀起了一场革命,采用自定义对象技术的建筑 CAD 软件具有人性化、智能化、参数化、可视化多个重要特征,以建筑构件作为基本设计单元,将内部带有专业数据的构件模型作为智能化的图形对象,天正提供体贴用户的操作模式使得软件更加易于掌握,可轻松完成各个设计阶段的任务,包括体量规划模型和单体建筑方案比较,适用于从初步设计直至最后阶段的施工图设计,同时可为天正日照设计软件和天正节能软件提供准确的建筑模型,大大推动了建筑节能设计的普及。

天正建筑 CAD 软件广泛应用于建筑施工图设计和日照、节能分析,支持最新的 AutoCAD图形平台。目前基于天正建筑对象的建筑信息模型已经成为天正系列软件的核心,逐渐被多数建筑设计单位接受,成为设计行业软件正版化的首选。

天正建筑 2013 基于 AutoCAD 2000 以上版本图形平台开发,因此对软硬件环境要求取决于 AutoCAD 平台的要求。只是由于用户的工作范围不同,硬件的配置也应有所区别。对于只绘制工程图,不关心三维表现的用户,对于硬件要求不是很高;如果用于三维建模,在本机使用 3D MAX 渲染的用户,推荐使用双核 Pentium D/2 GMz 以上+4 GB 以上内存以及使用支持 OpenGL 加速的显示卡,例如 NVidia 公司 Quadro 系列芯片的专业卡,可以让你在真实感的着色环境下顺畅进行三维设计。

天正建筑 2013 支持的图形平台:AutoCAD R15(2000/200i/2002)和 R16(2004/2005/2006)、R17(2007-2009)、R18(2010-2012)、R19 五代 dwg 图形格式,在本文档中简称为 AutoCAD 200X 版本。希望用户使用 AutoCAD 2002 以上平台,而且尽量安装这些平台下可以得到的补丁包。由于 AutoCAD LT 不支持应用程序运行,无法作为平台使用,天正建筑 2013 不支持 AutoCAD LT 的各种版本。

天正建筑 2013 支持的操作系统:目前支持 Windows XP、Windows Vista 和 Windows 7(包括 32 位和 64 位版本),不支持 Mac OS,尽管 AutoCAD 近年发布了在 MacOS 上运行的版本。由于从 AutoCAD 2004 开始,Autodesk 官方已经不再正式支持 Windows 98 操作系统,因此用户在 Windows 98 上运行这些平台后带来的问题将无法获得有效的技术支持;此外,由于 Windows Vista 和 Windows 7 操作系统不能运行 AutoCAD 2000—2002,天正建筑 2013 在上述操作系统支持的平台限于 AutoCAD 2004 以上版本。

A.1.1 安装和启动

天正建筑 2013 的正式商品以两张光盘发行,第一张是程序与图库安装盘,第二张是教学演示盘。安装之前请阅读自述说明文件。在安装天正建筑软件前,首先要确认计算机上已安装 AutoCAD 2000 及以上,并能够正常运行的版本。通过天正软件第一张光盘的自启动菜单选择安装或在资源管理器中双击,均可运行安装文件 setup.exe,首先选择授权方式(见图 A.1),选择自己获得的授权方式。

图 A.1　选择授权方式

根据获得的授权类型,选择单机版或者网络版。如果是网络版,建议输入服务器名称(可以询问网络管理员),也可以直接单击"下一步"按钮,由系统自动查找服务器,但在网络条件复杂的情况下可能无法找到网络版服务器。接着在如图 A.2 所示中选择要安装的组件。

图 A.2　选择安装组件

安装组件见表 A.1。

表 A.1　组件说明

组　件	功　能	组　件	功　能
执行文件	一般而言是必须安装的部件,除非用户只想修复注册表	工程范例	是系统提供的工程范例文件,供用户参考
普通图库	普通图库,包括二维图库和欧式图库	贴图文件	用于支持渲染材质的素材文件
多视图库	多视图库,此图库规模比较大,主要用于室内设计	教学文件	教学动画文件,如果硬盘空间有限,可以暂不安装

A.1.2　生成的文件夹结构

本软件安装完毕,软件系统安装文件夹下有以下子文件夹(见表 A.2)。

表 A.2　文件夹结构

SYS15	用于 R2000—2002 平台的系统文件夹	DWB	专用图库文件夹
SYS16	用于 R2004—2006 平台的系统文件夹	DDBL	通用图库文件夹
SYS17	用于 R2007—2009 平台的系统文件夹	LIB3D	多视图库文件夹
SYS18	用于 R2010—2012 平台的系统文件夹	SYS18X64	用于 R2010— 2012 的 64 位平台的系统文件夹
LISP	AutoLISP 程序文件夹	SYS	与 AutoCAD 平台版本无关的系统文件夹
TEXTURES	用于 2000—2006 平台的渲染材质库文件夹	DRV	加密狗驱动程序文件夹(安装单机版时创建)

A.2　操作界面

针对建筑设计的实际需要,本软件对 AutoCAD 的交互界面作出了必要的扩充,建立了自己的菜单系统和快捷键、新提供了可由用户自定义的折叠式屏幕菜单、新颖方便的在位编辑框、与选取对象环境关联的右键菜单和图标工具栏,保留 AutoCAD 的所有下拉菜单和图标菜单,从而保持 AutoCAD 的原有界面体系,便于用户同时加载其他软件。

A.2.1　折叠式屏幕菜单

本软件的主要功能都列在"折叠式"三级结构的屏幕菜单上,上一级菜单可以单击展开下一级菜单,同级菜单互相关联,展开另一个同级菜单时,原来展开的菜单自动合拢。二到三级菜单项是天正建筑的可执行命令或者开关项,全部菜单项都提供 256 色图标,图标设计具有专业含义,以方便用户增强记忆,更快地确定菜单项的位置。当光标移到菜单项上时,AutoCAD 的状态行会出现该菜单项功能的简短提示。

折叠式菜单效率最高,但由于屏幕的高度有限,在展开较长的菜单后,有些菜单项无法完全在屏幕可见,为此可用鼠标滚轮上下滚动菜单快速选取当前不可见的项目;天正屏幕菜单在 2004 以上版本不支持自动隐藏功能,在光标离开菜单后,菜单可自动隐藏为一个标题,光标进入标题后随即自动弹出菜单,节省了宝贵的屏幕作图面积。

A.2.2　在位编辑框与动态输入

在位编辑框是从 AutoCAD 2006 的动态输入中首次出现的新颖编辑界面,本软件将这个特性引入 AutoCAD 200X 平台,使得这些平台上的天正软件都可以享用其新颖界面特性,对所有尺寸标注和符号说明中的文字进行在位编辑,而且提供了与其他天正文字编辑同等水平的特殊字符输入控制,可以输入上下标、钢筋符号、加圈符号,还可以调用专业词库中的文字,与同类软件相比,天正在位编辑框总是以水平方向合适的大小提供编辑框修改与输入文字,而不会受到图形当前显示范围而影响操控性能。

在位编辑框在本软件中广泛用于构件绘制中的尺寸动态输入、文字表格内容的修改、标注符号的编辑等,成为新版本的特色功能之一,动态输入中的显示特性可在状态行中右击 DYN 按钮设置。

A.2.3　选择预览与智能右键菜单

本软件为 2000—2005 的 AutoCAD 版本新增了光标"选择预览"特性,光标移动到对象上方时对象即可亮显,表示执行选择时要选中的对象,同时智能感知该对象,此时右击鼠标即可激活相应的对象编辑菜单,使对象编辑更加快捷方便,当图形太大选择预览影响效率时会自动关闭。

右键快捷菜单在 AutoCAD 绘图区操作,单击鼠标右键(简称右击)弹出,该菜单内容是动态显示的,根据当前光标下面的预选对象确定菜单内容,当没有预选对象时,弹出最常用的功能,否则根据所选的对象列出相关的命令。当光标在菜单项上移动时,AutoCAD 状态行给出当前菜单项的简短使用说明。

天正建筑图形空白处慢击右键的操作,勾选在"自定义"→"操作配置"提供的"启用天正右键快捷菜单"→"慢击右键"功能,设置好慢击时间阈值,释放鼠标右键快于该值相当于回车,慢击右键时显示天正的默认右键菜单。

天正建筑双击图形空白处的操作,用于取消此前对多个对象的选择,代替需要用手按下 Ese 键取消选择的不便。

A.2.4　热键与自定义热键

除了 AutoCAD 定义的热键外,天正补充了若干热键,以加速常用的操作,以下是常用热键定义与功能(见表 A.3)。

表 A.3　热键

F1	AutoCAD 帮助文件的切换键	F9	屏幕的光标捕捉(光标模数)的开关键
F2	屏幕的图形显示与文本显示的切换键	F11	对象追踪的开关键
F3	对象捕捉开关	Ctrl ＋ ＋	屏幕菜单的开关
F6	状态行的绝对坐标与相对坐标的切换键	Ctrl ＋ －	文档标签的开关
F7	屏幕的栅格点显示状态的切换键	Shift ＋ F12	墙和门窗拖动时的模数开关(仅限于2006 以下)
F8	屏幕的光标正交状态的切换键	Ctrl ＋ ～	工程管理界面的开关

注:2006 以上版本的 F12 用于切换动态输入,天正新提供显示墙基线用于捕捉的状态行按钮。

用户可以在"自定义"命令中定义单一数字键的热键,用于激活天正命令,由于"3"与多个 3D 命令冲突,不要用于热键。

A.3　基本操作

本软件的主要功能可支持建筑设计各个阶段的需求,无论是初期的方案设计还是最后阶段的施工图设计,设计图纸的绘制详细程度(设计深度)取决于设计需求,由用户自己把握,而不需要通过切换软件的菜单来选择,不需要有先三维建模,后做施工图设计这样的转换过程,除了具有因果关系的步骤必须严格遵守外,通常没有严格的先后顺序限制。

A.3.1　天正做建筑设计的流程

天正建筑设计的流程如图 A.3 所示。

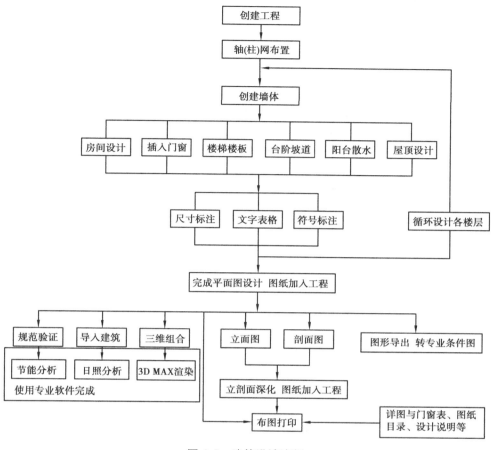

图 A.3　建筑设计流程

A.3.2　天正做室内设计的流程

天正做室内设计的流程如图 A.4 所示。

A.3.3　工程管理工具的使用

天正建筑引入了工程管理的概念,工程管理工具是管理同属于一个工程下的图纸(图形文件)的工具,命令在文件布图菜单下,在 2004 以上平台,此界面可以设置自动隐藏,随光标自动展开。

单击界面上方的下拉列表,可以打开"工程管理"菜单,其中选择"打开工程""新建工程"等命令,如图 A.5 所示。

为保证与 6.0 以下的旧版兼容,特地提供了导入与导出楼层表的命令。

首先介绍的是"新建工程"命令,为当前图形建立一个新的工程,并为工程命名。

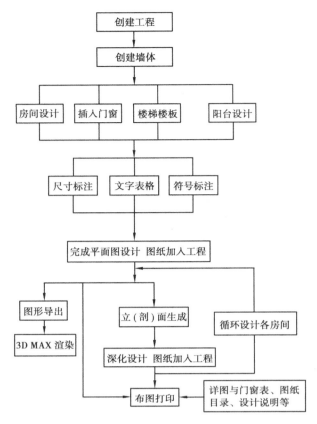

图 A.4　室内设计流程

图 A.5　工程管理菜单

在界面中分为图纸、楼层、属性栏,如图 A.6 所示,在图纸栏中预设有平面图、立面图等多种图形类别,首先介绍图纸栏的使用。

图纸栏是用于管理以图纸为单位的图形文件的,右击工程名称,出现右键菜单,在其中可以为工程添加图纸或子工程分类,如图 A.7 所示。

图 A.6　工程管理界面

图 A.7　图纸栏

在工程任意类别右击,出现右键菜单,功能也是添加图纸或分类,只是添加在该类别下,也可以把已有图纸或分类移除,如图 A.8 所示。

图 A.8　图纸的添加或移除

单击添加图纸出现文件对话框,在其中逐个加入属于该类别的图形文件,注意事先应该使同一个工程的图形文件放在同一个文件夹下。

楼层栏的功能是取代旧版本沿用多年的楼层表定义功能,在软件中以楼层栏中的图标命令控制属于同一工程中的各个标准层平面图,允许不同的标准层存放于一个图形文件下,通过图 A.9 所示的第二个图标命令,在本图上框选标准层的区域范围。

在下面的电子表格(见图 A.10)中输入"起始层号-结束层号",定义为一个标准层,并取得层高,双击左侧的按钮可以随时在本图预览框选的标准层范围;对不在本图的标准层,则单击空白文件名栏后出现按钮,单击按钮后在文件对话框中,以普通文件选取方式点取图形文件。

打开已有工程的方法:单击"工程管理"菜单中"最近工程"右边的箭头,可以看到最近建立过的工程列表,单击其中工程名称即可打开。

打开已有图纸的方法:在图纸栏下列出了当前工程打开的图纸,双击图纸文件名即可打开。

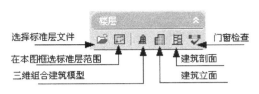

图 A.9　楼层栏功能

图 A.10　电子表格

A.3.4　自定义参数设置

为用户提供的参数设置功能通过"天正选项""自定义"两个命令进行设置,TArch8 版本将以前在 AutoCAD 的"选项"命令中添加的"天正基本设定"和"天正加粗填充"两个选项页面与"高级选项"命令三者集成为新的"天正选项"命令。单独的"自定义"命令用于设置界面的默认操作,如菜单、工具栏、快捷键和在位编辑界面。

(1)设置天正选项

单击"天正选项"菜单命令后,从中单击"基本设定""加粗填充""高级选项"选项卡进入各自的页面。

在对话框下方,提供有"恢复默认""导出""导入""确定""取消""应用""帮助"共 7 个按钮,提供了方便的参数管理功能,如图 A.11 所示。

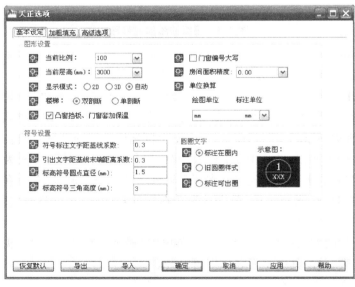

图 A.11　天正选项

（2）设置自定义

本命令功能是启动天正建筑自定义对话框界面，在其中按用户自己的要求设置软件的交互界面效果。

单击"自定义"菜单命令后，启动自定义对话框界面，其中分为"屏幕菜单""操作配置""基本界面""工具条""快捷键"5 个页面进行控制。

A.3.5　样式与图层设置

（1）当前比例

本命令用于所有天正自定义的各种对象，按照当前比例的大小决定标注类和文本与符号类对象中的文字字高与符号尺寸、建筑对象中的加粗线宽粗细，对设置后新生成的对象有效，从状态栏左下角的"比例"按钮（AutoCAD 2002 平台下无法提供）以及从选项中"天正基本设定"界面里面的"当前比例"下拉列表中均可设置。

（2）当前比例（DQBL）的设置

本命令提供了状态栏的左下角的比例下拉按钮控件，设置后的当前值显示在状态栏中，如果当前已经选择对象，单击"比例"按钮除了设置当前比例外，还可直接改变这些对象的比例，同时具有"改变比例"命令的功能。

此外还可以通过命令行与用户交互，单击菜单命令后，命令提示：

键入当前比例的新值并按回车键确定。

当前比例随即改变，同时下拉按钮控件的显示马上更新。

注意：当前如为米单位 1∶1000、1∶500 时，当前比例应该相应改为 1∶1、1∶0.5，以此类推，与当前为毫米单位是不同的，用户在设置米单位绘图后，应自行修改比例的设置。

（3）文字样式

本命令功能为天正自定义的扩展文字样式，由于 AutoCAD 的 SHX 形字体由中西文字体组成，中西文字体分别设定参数控制中英文字体的宽度比例，可以与 AutoCAD 的 SHX 字体的高度以及字高参数协调一致。

（4）文字样式（WZYS）的设置

单击菜单命令后，显示对话框如图 A.12 所示。

图 A.12　设置文字样式

设置对话框中的参数,单击"确定"按钮后,即以其中的文字样式作为天正文字的当前样式进行各种符号和文字标注。

（5）图层管理

本命令为用户提供灵活的图层名称、颜色和线型的管理,其中线型是在天正建筑新增的,同时也支持用户自己创建的图层标准,具有三大特点:

①通过外部数据库文件设置多个不同图层的标准。

②可恢复用户不规范设置的颜色和线型。

③对当前图的图层标准进行转换。系统不对用户定义的标准图层数量进行限制,用户可以新建图层标准,在图层管理器在中修改标准中各图层的名称和颜色、线型,对当前图档的图层按选定的标准进行转换。

（6）图层管理(TCGL)的设置

单击菜单命令后,将显示下面对话框,如图 A.13 所示。

图 A.13　图层管理

设置对话框中的参数,单击"图层转换"按钮后,即以新的图层系统作为当前天正建筑使用的图层系统运行,多余的图层标准文件存放在 Sys 文件夹下,扩展名为 LAY,用户可以在资源管理器下直接删除,删除后的图层标准名称不会在"图层标准"列表中出现。

A.4　建立轴网

轴网是由两组到多组轴线与轴号、尺寸标注组成的平面网格,是建筑物单体平面布置和墙柱构件定位的依据。完整的轴网由轴线、轴号和尺寸标注 3 个相对独立的系统构成。

A.4.1　直线轴网的建立

直线轴网功能用于生成正交轴网、斜交轴网或单向轴网,由命令"绘制轴网"命令中的"直线轴网"标签执行。从 2013 版本开始新增拾取已有轴网参数的方法。

"轴网柱子"→"绘制轴网(HZZW)"

单击绘制轴网菜单命令后,显示"绘制轴网"对话框,在其中单击"直线轴网"选项卡,输入开间间距,如图 A.14 所示。

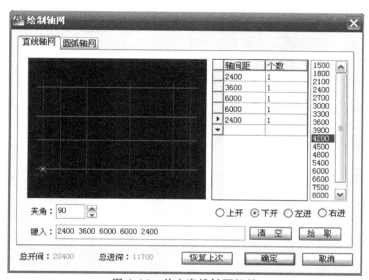

图 A.14　单击直线轴网标签

输入轴网数据方法:

①直接在"键入"栏内键入轴网数据,每个数据之间用空格或英文逗号隔开,输入完毕后按回车键生效。

②在电子表格中键入"轴间距"和"个数",常用值可直接点取右方数据栏或下拉列表的预设数据。

③切换到对话框单选按钮"上开""下开""左进""右进"之一,单击"拾取"按钮,在已有的标注轴网中拾取尺寸对象获得轴网数据。

A.4.2　圆弧轴网的建立

圆弧轴网由一组同心弧线和不过圆心的径向直线组成,常组合其他轴网,端径向轴线由两轴网共用,由命令"绘制轴网"命令中的"圆弧轴网"标签执行。从 2013 版本开始新增拾取已有轴网参数的方法。

"轴网柱子"→"绘制轴网(HZZW)"

单击绘制轴网菜单命令后,显示"绘制轴网"对话框,在其中单击"圆弧轴网"选项卡,输入进深的对话框,如图 A.15 所示。

输入圆心角的对话框显示如图 A.16 所示。

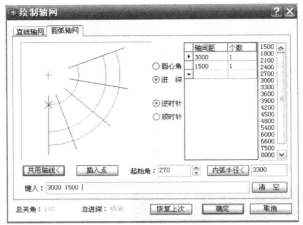

图 A.15 单击圆弧轴网标签

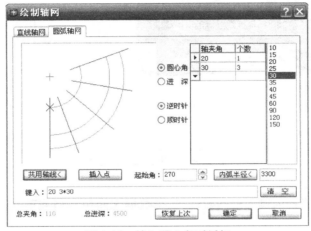

图 A.16 输入圆心角对话框

输入轴网数据方法：

①直接在"键入"栏内键入轴网数据,每个数据之间用空格或英文逗号隔开,输入完毕后按回车键。

②在电子表格中键入"轴间距"/"轴夹角"和"个数",常用值可直接点取右方数据栏或下拉列表的预设数据。

A.4.3 轴网标注

轴网的标注包括轴号标注和尺寸标注,轴号可按规范要求用数字、大写字母、小写字母、双字母、双字母间隔连字符等方式标注,可适应各种复杂分区轴网的编号规则,系统按照《房屋建筑制图统一标准》7.0.4 条的规定,字母 I、O、Z 不用于轴号,在排序时会自动跳过这些字母。

尽管轴网标注命令能一次完成轴号和尺寸的标注,但轴号和尺寸标注二者属独立存在的不同对象,不能联动编辑,用户修改轴网时应注意自行处理。

"轴网柱子"→"轴网标注(ZWBZ)"

本命令对始末轴线间的一组平行轴线（直线轴网与圆弧轴网的进深）或者径向轴线（圆弧轴线的圆心角）进行轴号和尺寸标注，自动删除重叠的轴线。

单击"轴网标注"菜单命令后，首先显示无模式对话框，如图 A.17 所示。

图 A.17　轴网标注对话框

在单侧标注的情况下，选择轴线的哪一侧就标在哪一侧。可按照《房屋建筑制图统一标准》，支持类似 1—1、A—1 与 AA、A1 等分区轴号标注，按用户选取的"轴号规则"预设的轴号变化规律改变各轴号的编号。

默认的"起始轴号"在选择起始和终止轴线后自动给出，水平方向为 1，垂直方向为 A，用户可在编辑框中自行给出其他轴号，也可删空以标注空白轴号的轴网，用于方案等场合。

命令行首先提示点取要标注的始末轴线，在其间标注直线轴网，命令交互如下：

• 请选择起始轴线<退出>：选择一个轴网某开间（进深）一侧的起始轴线。

• 请选择终止轴线<退出>：选择一个轴网某开间（进深）同一侧的末轴线，此时始末轴线范围的所有轴线亮显。

• 请选择不需要标注的轴线：选择那些不需要标注轴号的辅助轴线，这些选中的轴线恢复正常显示，回车结束选择完成标注。

• 请选择起始轴线<退出>：重新选择其他轴网进行标注或者回车退出命令。

A.5　绘制柱子

柱子在建筑设计中主要起到结构支撑作用，有时柱子也用于纯粹的装饰。本软件以自定义对象来表示柱子，但各种柱子对象定义不同，标准柱用底标高、柱高和柱截面参数描述其在三维空间的位置和形状，构造柱用于砖混结构，只有截面形状而没有三维数据描述，只服务于施工图。

插入图中的柱子，用户如需要移动和修改，可充分利用夹点功能和其他编辑功能。对于标准柱的批量修改，可以使用"替换"的方式，柱同样可采用 AutoCAD 的编辑命令进行修改，修改后相应墙段会自动更新。此外，柱、墙可同时用夹点拖动编辑。

A.5.1　柱子的建立

（1）标准柱

在轴线的交点或任何位置插入矩形柱、圆柱或正多边形柱，后者包括常用的三、五、六、八、十二边形断面，还包括创建异形柱的功能。柱子也能通过"墙柱保温"命令添加保温层。

插入柱子的基准方向总是沿着当前坐标系的方向，如果当前坐标系是 UCS，柱子的基准方向自动按 UCS 的 x 轴方向，不必另行设置。

"轴网柱子"→"标准柱（BZZ）"

创建标准柱的步骤如下所述。

①设置柱的参数,包括截面类型、截面尺寸和材料,或者从构件库取得以前入库的柱。

②单击下面的工具栏图标,选择柱子的定位方式。

③根据不同的定位方式回应相应的命令行输入。

④重复步骤①—③或回车结束标准柱的创建。

以下是具体的交互过程,如下所述。

点取菜单命令后,显示对话框,在选取不同形状后会根据不同形状,显示对应的参数输入,如图 A.18 所示。

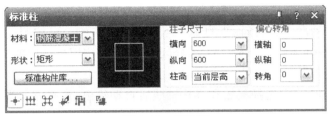

图 A.18　标准柱

（2）角柱

在墙角插入轴线与形状与墙一致的角柱,可改各肢长度以及各分肢的宽度,宽度默认居中,高度为当前层高。生成的角柱与标准柱类似,每一边都有可调整长度和宽度的夹点,可以方便地按要求修改。

"轴网柱子"→"角柱(JZ)"

点取菜单命令后,命令行提示:

请选取墙角或［参考点(R)］<退出>:点取要创建角柱的墙角或键入 R 定位

选取墙角后显示对话框如图 A.19 所示,用户在对话框中输入合适的参数。

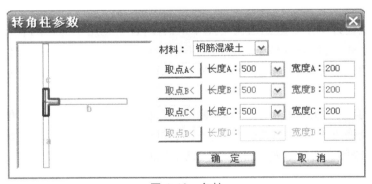

图 A.19　角柱

参数输入完毕后,单击"确定"按钮,所选角柱即插入图中。

（3）构造柱

本命令在墙角交点处或墙体内插入构造柱,依照所选择的墙角形状为基准,输入构造柱的具体尺寸,指出对齐方向,默认为钢筋混凝土材质,仅生成二维对象。目前本命令还不支持在弧墙交点处插入构造柱。

"轴网柱子"→"构造柱(GZZ)"

点取菜单命令后,命令行提示:

请选取墙角或［参考点（R）］<退出>：点取要创建构造柱的墙角或墙中任意位置。

随即显示如图 A.20 所示对话框，在其中输入参数，并选择构造柱要对齐的墙边。

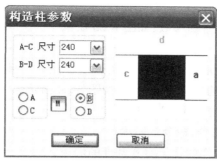

图 A.20　创建构造柱

参数输入完毕后，单击"确定"按钮，所选构造柱即插入图中；如修改长度与宽度，通过夹点拖动调整即可。

A.5.2　编辑柱子

（1）柱子的替换

"轴网柱子"→"标准柱（BZZ）"

输入新的柱子数据，然后单击柱子下方工具栏的替换图标，如图 A.21 所示。

（2）柱子对象编辑修改参数

双击要替换的柱子，即可显示出对象编辑对话框，与标准柱对话框类似，如图 A.22 所示。

图 A.21　柱子的替换

图 A.22　柱子对象参数的修改

修改参数后，单击"确定"按钮即可更新所选的柱子，但对象编辑只能逐个对象进行修改，如果要一次修改多个柱子，就应使用下面介绍的特性编辑功能了。

（3）柱子特性编辑定义矮墙

在本软件中，柱子完善了对象特性的描述，通过 AutoCAD 的对象特性表，可以方便地修改柱对象的多项专业特性，而且便于成批修改参数，方法如下所述。

①用如天正"对象选择"等方法,选取要修改特性的多个柱子对象。

②键入"Ctrl+1",激活特性编辑功能,使 AutoCAD 显示柱子的特性表。

③在特性表中修改柱子参数,例如用途改为"矮柱",然后各柱子自动更新,注意特性栏增加了保温层与保温层厚等新参数,如图 A.23 所示。

(4)柱齐墙边

本命令将柱子边与指定墙边对齐,可一次选多个柱子一起完成墙边对齐,条件是各柱都在同一墙段,且对齐方向的柱子尺寸相同,如图 A.24 所示。

"轴网柱子"→"柱齐墙边(ZQQB)"

单击菜单"柱齐墙边"命令,命令行显示:

请点取墙边<退出>:取作为柱子对齐基准的墙边。

选择对齐方式相同的多个柱子<退出>:选择多个柱子。

选择对齐方式相同的多个柱子<退出>:按回车键结束选择。

请点取柱边<退出>:点取这些柱子的对齐边。

请点取墙边<退出>:重选作为柱子对齐基准的其他墙边或者按回车键退出命令。

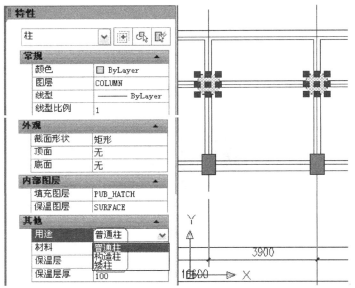

图 A.23 柱子特性定义

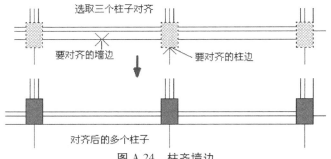

图 A.24 柱齐墙边

A.6 绘制墙体

墙体是天正建筑软件中的核心对象,它模拟实际墙体的专业特性构建而成,因此可实现墙角的自动修剪、墙体之间按材料特性连接、与柱子和门窗互相关联等智能特性,并且墙体是建筑房间的划分依据,因此理解墙对象的概念非常重要。墙对象不仅包含位置、高度、厚度这样的几何信息,还包括墙类型、材料、内外墙这样的内在属性。

A.6.1 墙体的创建

墙体可使用"绘制墙体"命令创建或由"单线变墙"命令从直线、圆弧或轴网转换。下面介绍这两种创建墙体的方法。墙体的底标高为当前标高(Elevation),墙高默认为楼层层高。墙体的底标高和墙高可在墙体创建后用"改高度"命令进行修改,当墙高给定为 0 时,墙体在三维视图下不生成三维。本软件支持圆墙的绘制,圆墙可由两段同心圆弧墙拼接而成,但不能直接画圆生成。

启动名为"绘制墙体"的非模式对话框,其中可以设定墙体参数,不必关闭对话框即可直接使用"直墙""弧墙"和"矩形布置"3 种方式绘制墙体对象,墙线相交处自动处理,墙宽随时定义、墙高随时改变,在绘制过程中墙端点可以回退,用户使用过的墙厚参数在数据文件中按不同材料分别保存。

"墙体"→"绘制墙体(HZQT)"

在对话框中选取要绘制墙体的左右墙宽组数据,选择一个合适的墙基线方向,然后单击下面的工具栏图标,在"直墙""弧墙""矩形布置"3 种绘制方式中选择其中之一,进入绘图区绘制墙体,如图 A.25 所示。

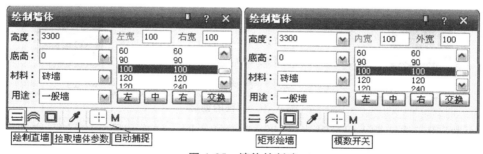

图 A.25　墙体的创建

绘制墙体工具栏中新提供的墙体参数拾取功能,可以通过提取图上已有天正墙体对象的一系列参数,接着依据这些参数绘制新墙体。

A.6.2 墙体的编辑

墙体对象支持 AutoCAD 的通用编辑命令,可使用包括偏移(Offset)、修剪(Trim)、延伸(Extend)等命令进行修改,对墙体执行以上操作时均不必显示墙基线。

此外可直接使用删除(Erase)、移动(Move)和复制(Copy)命令进行多个墙段的编辑操作。软件中也有专用编辑命令对墙体进行专业意义的编辑,简单的参数编辑只需要双击墙体即可进入对象编辑对话框,拖动墙体的不同夹点可改变长度与位置。

A.7 门窗

软件中的门窗是一种附属于墙体并需要在墙上开启洞口，带有编号的 AutoCAD 自定义对象，它包括通透的和不通透的墙洞在内；门窗和墙体建立了智能联动关系，门窗插入墙体后，墙体的外观几何尺寸不变，但墙体对象的粉刷面积、开洞面积已经立刻更新以备查询。门窗和其他自定义对象一样可以用 AutoCAD 的命令和夹点编辑修改，并可通过电子表格检查和统计整个工程的门窗编号。

门窗对象附属在墙对象之上，离开墙体的门窗就将失去意义。按照和墙的附属关系，软件中定义了两类门窗对象：一类是只附属于一段墙体，即不能跨越墙角，对象 DXF 类型 TCH_OPENING；另一类附属于多段墙体，即跨越一个或多个转角，对象 DXF 类型 TCH_CORNER_WINDOW。前者和墙之间的关系非常严谨，因此系统根据门窗和墙体的位置，能够可靠地在设计编辑过程中自动维护和墙体的包含关系，例如可以将门窗移动或复制到其他墙段上，系统可以自动在墙上开洞并安装上门窗；后者比较复杂，离开了原始的墙体，可能就不再正确，因此不能向前者那样可以随意编辑。

A.7.1 门窗的创建

普通门、普通窗、弧窗、凸窗和矩形洞等的定位方式基本相同，因此用本命令即可创建这些门窗类型。

"门窗"→"门窗（MC）"

点取菜单命令后，显示如图 A.26 所示对话框。

图 A.26　门窗的创建

"个数"用于连续插入门窗时使用，此时连续插入同一样式和尺寸的门窗，之间间距为 0，用于弧墙时连续插入的门窗方向依照该处圆弧的切线角度插入。

A.7.2 门窗的编辑

最简单的门窗编辑方法是选取门窗可以激活门窗夹点，拖动夹点进行夹点编辑不必使用任何命令，批量翻转门窗可使用专门的门窗翻转命令处理。

（1）门窗的夹点编辑

普通门、普通窗都有若干个预设好的夹点，拖动夹点时门窗对象会按预设的行为作出动作，熟练操纵夹点进行编辑是用户应该掌握的高效编辑手段，夹点编辑的缺点是一次只能对一个对象操作，而不能一次更新多个对象，为此系统提供了各种门窗编辑命令。

门窗对象提供的编辑夹点功能如图 A.27 所示。需要指出的是，部分夹点用 Ctrl 来切换功能。

（2）对象编辑与特性编辑

双击门窗对象即可进入"对象编辑"命令对门窗进行参数修改,选择门窗对象右击菜单可以选择"对象编辑"或者"特性编辑",虽然两者都可以用于修改门窗属性,但是相对而言"对象编辑"启动了创建门窗的对话框,参数比较直观,而且可以替换门窗的外观样式,如图 A.28 所示。

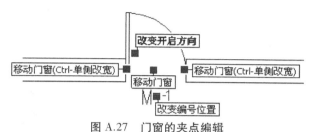

图 A.27　门窗的夹点编辑

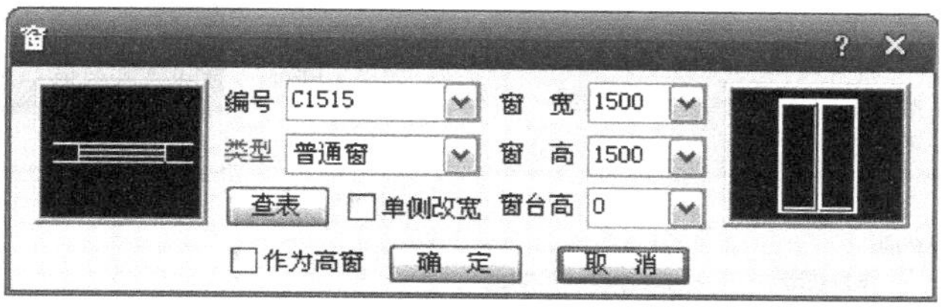

图 A.28　门窗属性的修改

A.8　楼梯

天正建筑提供了由自定义对象建立的基本梯段对象,包括直线、圆弧与任意梯段、由梯段组成了常用的双跑楼梯对象、多跑楼梯对象,考虑了楼梯对象在二维与三维视口下的不同可视特性。双跑楼梯具有梯段方便地改为坡道、标准平台改为圆弧休息平台等灵活可变特性,各种楼梯与柱子在平面相交时,楼梯可以被柱子自动剪裁;天正建筑双跑楼梯的上下行方向标识符号可以随对象自动绘制,剖切位置可以预先按踏步数或标高定义。

A.8.1　直线梯段

本命令在对话框中输入梯段参数绘制直线梯段,可以单独使用或用于组合复杂楼梯与坡道,如图 A.29 所示。

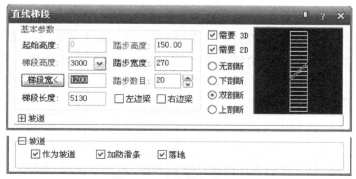

图 A.29　直线梯段的创建

A.8.2　圆弧梯段

本命令创建单段弧线型梯段,适合单独的圆弧楼梯,也可与直线梯段组合创建复杂楼梯和坡道,如大堂的螺旋楼梯与入口的坡道,如图 A.30 所示。

A.8.3　任意梯段

本命令以用户预先绘制的直线或弧线作为梯段两侧边界,在对话框中输入踏步参数,创建形状多变的梯段,除了两个边线为直线或弧线外,其余参数与直线梯段相同,如图A.31所示。

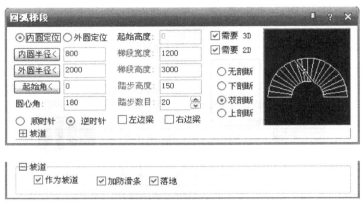

图 A.30　圆弧梯段的创建

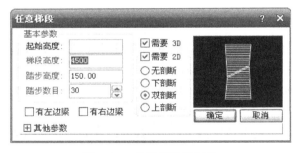

图 A.31　任意梯段的创建

A.8.4　双跑楼梯

双跑楼梯是最常见的楼梯形式,由两跑直线梯段、一个休息平台、一个或两个扶手和一组或两组栏杆构成的自定义对象,具有二维视图和三维视图。双跑楼梯可分解(Explode)为基本构件即直线梯段、平板和扶手栏杆等,楼梯方向线在天正建筑中属于楼梯对象的一部分,方便随着剖切位置改变自动更新位置和形式,在天正建筑还增加了扶手的伸出长度、扶手在平台是否连接、梯段之间位置可任意调整、特性栏中可以修改楼梯方向线的文字等新功能,如图 A.32 所示。

A.9　立面

按照"工程管理"命令中的数据库楼层表格数据,一次生成多层建筑立面,在当前工程为空的情况下执行本命令,会出现警告对话框:请打开或新建一个工程管理项目,并在工程数据库中建立楼层表!

"立面"→"建筑立面(JZLM)"

单击菜单命令后,命令行提示:

请输入立面方向或[正立面(F)/背立面(B)/左立面(L)/右立面(R)]<退出>:F 键入快捷键或者按视线方向给出两点指出生成建筑立面的方向。

请选择要出现在立面图上的轴线:一般是选择同立面方向上的开间或进深轴线,选轴号无效。

显示建筑立面对话框,如图 A.33 所示。

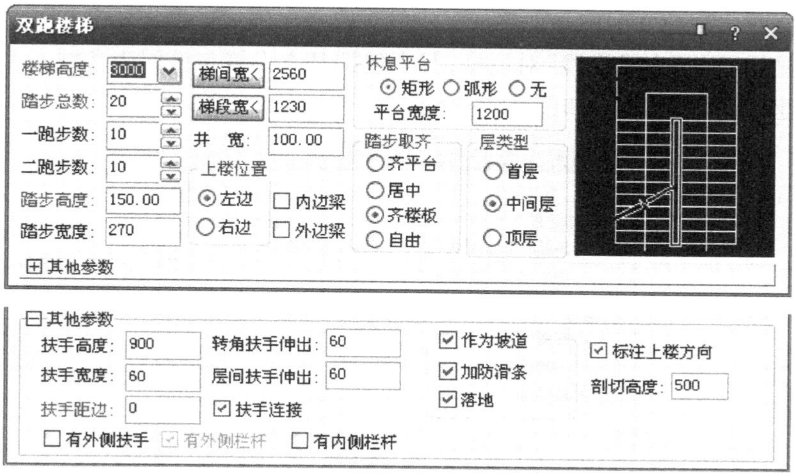

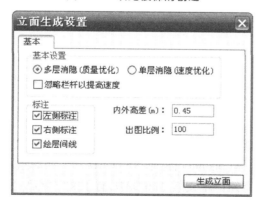

图 A.32　双跑楼梯的创建

图 A.33　建筑立面对话框

A.10　剖面

设计好一套工程的各层平面图后,需要绘制剖面图表达建筑物的剖面设计细节,立剖面的图形表达和平面图有很大的区别,立剖面表现的是建筑三维模型的一个剖切与投影视图,与立面图同样受三维模型细节和视线方向建筑物遮挡的影响,天正剖面图形是通过平面图构件中的三维信息在指定剖切位置消隐获得的纯粹二维图形,除了符号与尺寸标注对象以及可见立面门窗阳台图块是天正自定义对象外,如墙线等构成元素都是AutoCAD的基本对象,提供了对墙线的加粗和填充命令。

本命令按照"工程管理"命令中的数据库楼层表格数据,一次生成多层建筑剖面,在当前工程为空的情况下执行本命令,会出现警告对话框:请打开或新建一个工程管理项目,并在工程数据库中建立楼层表!

"剖面"→"建筑剖面(JZPM)"

单击菜单命令后,命令行提示:

- 请点取一剖切线以生成剖视图:点取首层需生成剖面图的剖切线。
- 请选择要出现在立面图上的轴线:一般点取首末轴线或回车不要轴线。
- 屏幕显示"剖面生成设置"对话框,其中包括基本设置与楼层表参数。
- 显示建筑剖面对话框,如图A.34所示。

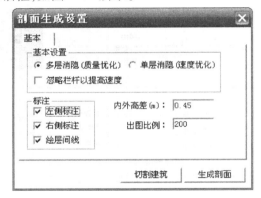

图 A.34　建筑剖面对话框

A.11　文字

文字表格的绘制在建筑制图中占有重要的地位,所有的符号标注和尺寸标注的注写离不开文字内容,而必不可少的设计说明整个图面主要是由文字和表格所组成。

AutoCAD提供了一些文字书写的功能,但主要是针对西文的,对于中文字,尤其是中西文混合文字的书写,编辑就显得很不方便。在AutoCAD简体中文版的文字样式里,尽管提供了支持输入汉字的大字体(bigfont),但是AutoCAD却无法对组成大字体的中英文分别规定高宽比例,用户即使拥有简体中文版AutoCAD,有了文字字高一致的配套中英文字体,但完成的图纸中的尺寸与文字说明里,依然存在中文与数字符号大小不一,排列参差不齐的问题,长期没有根本的解决方法。

A.11.1　单行文字

本命令使用已经建立的天正文字样式,输入单行文字,可以方便为文字设置上下标、加圆圈、添加特殊符号,导入专业词库内容。

"文字表格"→"单行文字(DHWZ)"

单击菜单命令后,显示对话框如图A.35所示。

图 A.35　单行文字的创建

A.11.2　多行文字

本命令使用已经建立的天正文字样式,按段落输入多行中文文字,可以方便设定页宽与硬回车位置,并随时拖动夹点改变页宽。

"文字表格"→"多行文字"

单击菜单命令后,显示对话框如图 A.36 所示。

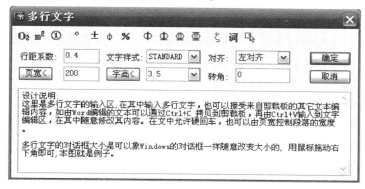

图 A.36　多行文字的创建

A.12　尺寸标注

尺寸标注是设计图纸中的重要组成部分,图纸中的尺寸标注在国家颁布的建筑制图标准中有严格规定,直接沿用 AutoCAD 本身提供的尺寸标注命令不适合建筑制图的要求,特别是编辑尺寸尤其显得不便,为此软件提供了自定义的尺寸标注系统,完全取代了 AutoCAD 的尺寸标注功能,分解后退化为 AutoCAD 的尺寸标注。

A.12.1　尺寸标注的创建

(1)门窗标注

本命令适合标注建筑平面图的门窗尺寸,有两种使用方式,如下所述。

①在平面图中参照轴网标注的第一、二道尺寸线,自动标注直墙和圆弧墙上的门窗尺寸,生成第三道尺寸线。

②在没有轴网标注的第一、二道尺寸线时,在用户选定的位置标注出门窗尺寸线。

"尺寸标注"→"门窗标注(MCBZ)"

点取菜单命令后,命令行提示:

请用线选第一、二道尺寸线及墙体。

● 起点<退出>：在第一道尺寸线外面不远处取一个点 P1。

● 终点<退出>：在外墙内侧取一个点 P2，系统自动定位置绘制该段墙体的门窗标注。

● 选择其他墙体：添加被内墙断开的其他要标注墙体，回车结束命令。

（2）墙厚标注

本命令在图中一次标注两点连线经过的一至多段天正墙体对象的墙厚尺寸，标注中可识别墙体的方向，标注出与墙体正交的墙厚尺寸，在墙体内有轴线存在时标注以轴线划分的左右墙宽，墙体内没有轴线存在时标注墙体的总宽。

"尺寸标注"→"墙厚标注（QHBZ）"

点取菜单命令后，命令行提示：

● 直线第一点<退出>：在标注尺寸线处点取起始点。

● 直线第二点<退出>：在标注尺寸线处点取结束点。

（3）两点标注

本命令为两点连线附近有关系的轴线、墙线、门窗、柱子等构件标注尺寸，并可标注各墙中点或者添加其他标注点，U 热键可撤销上一个标注点。

"尺寸标注"→"两点标注（LDBZ）"

点取菜单命令后，命令行提示：

● 起点（当前墙面标注）或［墙中标注（C）］<退出>：在标注尺寸线一端点取起始点或键入 C 进入墙中标注，提示相同。

● 终点<选物体>：在标注尺寸线另一端点取结束点。

● 请选择不要标注的轴线和墙体：如果要略过其中不需要标注的轴线和墙，这里有机会去掉这些对象。

● 请选择不要标注的轴线和墙体：按回车键结束选择。

● 选择其他要标注的门窗和柱子：此时可以用任何一种选取图元的方法选择其他墙段上的窗等图元，最后提示：

● 请输入其他标注点［参考点（R）/撤销上一标注点（U）］<退出>：选择其他点或键入 U 撤销标注点。

● 请输入其他标注点［参考点（R）/撤销上一标注点（U）］<退出>：回车结束标注。

取点时可选用有对象捕捉（快捷键F3切换）的取点方式定点，天正将前后多次选定的对象与标注点一起完成标注。

（4）内门标注

本命令用于标注平面室内门窗尺寸以及定位尺寸线，其中定位尺寸线与邻近的正交轴线或者墙角（墙垛）相关。

"尺寸标注"→"内门标注（NMBZ）"

点取菜单命令后，命令行提示：

● 标注方式：轴线定位. 请用线选门窗，并且第二点作为尺寸线位置。

● 起点或［垛宽定位（A）］<退出>：在标注门窗的另一侧点取起点或者键入 A 改为垛宽定位。

终点<退出>：经过标注的室内门窗，在尺寸线标注位置上给终点。

（5）快速标注

本命令类似 AutoCAD 的同名命令，适用于天正对象，特别适用于选取平面图后快速标注外包尺寸线。

"尺寸标注"→"快速标注（KSBZ）"

点取菜单命令后，命令行提示：

- 选择要标注的几何图形：选取天正对象或平面图。
- 选择要标注的几何图形：选取其他对象或按回车键结束。
- 请指定尺寸线位置或［整体（T）/连续（C）/连续加整体（A）］<整体>：选项中整体是从整体图形创建外包尺寸线，连续是提取对象节点创建连续直线标注尺寸，连续加整体是两者同时创建。

（6）逐点标注

本命令是一个通用的灵活标注工具，对选取的一串给定点沿指定方向和选定的位置标注尺寸。特别适用于没有指定天正对象特征，需要取点定位标注的情况，以及其他标注命令难以完成的尺寸标注。

"尺寸标注"→"逐点标注（ZDBZ）"

点取菜单命令后，命令行提示：

- 起点或［参考点（R）］<退出>：点取第一个标注点作为起始点。
- 第二点<退出>：点取第二个标注点。
- 请点取尺寸线位置或［更正尺寸线方向（D）］<退出>：拖动尺寸线，点取尺寸线就位点，或键入 D 选取线或墙对象用于确定尺寸线方向。
- 请输入其他标注点或［撤销上一标注点（U）］<结束>：逐点给出标注点，并可以回退。
- 请输入其他标注点或［撤销上一标注点（U）］<结束>：继续取点，按回车键结束命令。

（7）外包尺寸

本命令是一个简捷的尺寸标注修改工具，在大部分情况下，可以一次按规范要求完成 4 个方向的两道尺寸线共 16 处修改，期间不必输入任何墙厚尺寸。

"尺寸标注"→"外包尺寸（WBCC）"

点取菜单命令后，命令行提示：

- 请选择建筑构件：给出第一个点后提示。
- 指定对角点：给出对角点后提示找到××个对象。
- 请选择建筑构件：按回车键结束选择。
- 请选择第一、二道尺寸线：给出第一个点后提示。
- 指定对角点：给出对角点后提示找到 8 个对象。
- 请选择第一、二道尺寸线：按回车键结束绘制或继续选择尺寸线。

（8）半径标注

本命令在图中标注弧线或圆弧墙的半径，尺寸文字容纳不下时，会按照制图标准规定，自动引出标注在尺寸线外侧。

"尺寸标注"→"半径标注(BJBZ)"

点取菜单命令后,命令行提示:

请选择待标注的圆弧<退出>:此时点取圆弧上任一点,即在图中标注好半径。

(9)直径标注

本命令在图中标注弧线或圆弧墙的直径,尺寸文字容纳不下时,会按照制图标准规定,自动引出标注在尺寸线外侧。

"尺寸标注"→"直径标注(ZJBZ)"

点取菜单命令后,命令行提示:

● 请选择待标注的圆弧<退出>:此时点取圆弧上任一点,即在图中标注好直径。

(10)角度标注

本命令按逆时针方向标注两根直线之间的夹角,请注意按逆时针方向选择要标注的直线的先后顺序。

"尺寸标注"→"角度标注(JDBZ)"

点取菜单命令后,命令行提示:

● 请选择第一条直线<退出>:在标注位置点取第一根线。

● 请选择第二条直线<退出>:在任意位置点取第二根线。

(11)弧长标注

本命令以国家建筑制图标准规定的弧长标注画法分段标注弧长,保持整体的一个角度标注对象,可在弧长、角度和弦长 3 种状态下相互转换,其中弧长标注的样式可事先在高级选项中设为"新标准",即国家制图标准 GBT 50001—2010 中条文 11.5.2 尺寸界线应指向圆心的样式,设置后样式在新建图形中起作用。

"尺寸标注"→"弧长标注(HCBZ)"

点取菜单命令后,命令行提示:

● 请选择要标注的弧段:点取准备标注的弧墙、弧线。

● 请点取尺寸线位置<退出>:类似逐点标注,拖动到标注的最终位置。

● 请输入其他标注点<结束>:继续点取其他标注点。

● 请输入其他标注点<结束>:按回车键结束。

A.12.2　尺寸标注的编辑

(1)文字复位

本命令将尺寸标注中被拖动夹点移动过的文字恢复回原来的初始位置,可解决夹点拖动不当时与其他夹点合并的问题,本命令也能用于符号标注中的"标高符号""箭头引注""剖面剖切"和"断面剖切"4 个对象中的文字,特别是在"剖面剖切"和"断面剖切"对象改变比例时文字可以用本命令恢复正确位置。

"尺寸标注"→"尺寸编辑"→"文字复位(WZFW)"

点取菜单命令后,命令行提示:

● 请选择需复位文字的对象:点取要复位文字的天正尺寸标注或者符号标注对象,可多选。

● 请选择需复位文字的对象：回车结束命令，系统把选到的对象中所有文字恢复原始位置 。

（2）文字复值

本命令将尺寸标注中被有意修改的文字恢复回尺寸的初始数值。有时为了方便起见，会将其中一些标注尺寸文字加以改动，为了校核或提取工程量等需要尺寸和标注文字一致的场合，可以使用本命令按实测尺寸恢复文字的数值。

"尺寸标注"→"尺寸编辑"→"文字复值（WZFZ）"

点取菜单命令后，命令行提示：

● 请选择天正尺寸标注：点取要恢复的天正尺寸标注，可多选。

● 请选择天正尺寸标注：按回车键结束命令，系统把选到的尺寸标注中所有文字恢复实测数值。

（3）剪裁延伸

本命令在尺寸线的某一端，按指定点剪裁或延伸该尺寸线。本命令综合了 Trim（剪裁）和 Extend（延伸）两命令，自动判断对尺寸线的剪裁或延伸。

"尺寸标注"→"尺寸编辑"→"剪裁延伸（JCYS）"

点取菜单命令后，命令行提示：

● 请给出剪裁延伸的基准点或[参考点（R）]<退出>：点取剪裁线要延伸到的位置。

● 要剪裁或延伸的尺寸线<退出>：点取要作剪裁或延伸的尺寸线后，所点取的尺寸线的点取一端即作了相应的剪裁或延伸。

● 要剪裁或延伸的尺寸线<退出>：命令行重复以上显示，<回车>退出。

（4）取消尺寸

本命令删除天正标注对象中指定的尺寸线区间，如果尺寸线共有奇数段，"取消尺寸"删除中间段会将原来标注对象分开成为两个相同类型的标注对象。因为天正标注对象是由多个区间的尺寸线组成的，用 Erase（删除）命令无法删除其中某一个区间，必须使用本命令完成。

"尺寸标注"→"尺寸编辑"→"取消尺寸（QXCC）"

点取菜单命令后，命令行提示：

● 请选择待取消的尺寸区间的文字<退出>：点取要删除的尺寸线区间内的文字或尺寸线均可。

● 请选择待取消的尺寸区间的文字<退出>：点取其他要删除的区间，或者按回车键结束命令。

（5）连接尺寸

本命令连接两个独立的天正自定义直线或圆弧标注对象，将点取的两尺寸线区间段加以连接，原来的两个标注对象合并成为一个标注对象，如果准备连接的标注对象尺寸线之间不共线，连接后的标注对象以第一个点取的标注对象为主标注尺寸对齐，通常用于把 AutoCAD 的尺寸标注对象转为天正尺寸标注对象。

"尺寸标注"→"尺寸编辑"→"连接尺寸（LJCC）"

点取菜单命令后,命令行提示:

- 请选择主尺寸标注<退出>：点取要对齐的尺寸线作为主尺寸。
- 选择需要连接的其他尺寸标注<结束>：点取其他要连接的尺寸线。
- 选择需要连接的其他尺寸标注<结束>：按回车键结束。

（6）尺寸打断

本命令把整体的天正自定义尺寸标注对象在指定的尺寸界线上打断,成为两段互相独立的尺寸标注对象,可以各自拖动夹点、移动和复制。

"尺寸标注"→"尺寸编辑"→"尺寸打断（CCDD）"

点取菜单命令后,命令行提示:

- 请在要打断的一侧点取尺寸线<退出>：在要打断的位置点取尺寸线,系统随即打断尺寸线,选择预览尺寸线可见已经是两个独立对象。

（7）合并区间

合并区间新增加了一次框选多个尺寸界线箭头的命令交互方式,可大大提高合并多个区间时的效率,本命令可作为"增补尺寸"命令的逆命令使用。

"尺寸标注"→"尺寸编辑"→"合并区间（HBQJ）"

点取菜单命令后,命令行提示:

- 请框选合并区间中的尺寸界线箭头<退出>：用两个对角点框选要合并区间之间的尺寸界线。
- 请框选合并区间中的尺寸界线箭头或［撤销（U）]<退出>：框选其他要合并区间之间的尺寸界线或者键入 U 撤销合并。
- 请框选合并区间中的尺寸界线箭头或［撤销（U）]<退出>：按回车键退出命令。

（8）等分区间

本命令用于等分指定的尺寸标注区间,类似于多次执行"增补尺寸"命令,可提高标注效率。

"尺寸标注"→"尺寸编辑"→"等分区间（DFQJ）"

点取菜单命令后,命令行提示:

- 请选择需要等分的尺寸区间<退出>：点取要等分区间内的尺寸线。
- 输入等分数<退出>:3 键入等分数量。
- 请选择需要等分的尺寸区间<退出>：继续执行本命令或按回车键退出命令。

（9）等式标注

本命令对指定的尺寸标注区间尺寸自动按等分数列出等分公式作为标注文字,除不尽的尺寸保留一位小数。

"尺寸标注"→"尺寸编辑"→"等式标注（DSBZ）"

点取菜单命令后,命令行提示:

- 请选择需要等分的尺寸区间<退出>:点取要按等式标注的区间尺寸线。
- 输入等分数<退出>:6 按该处的等分公式要求键入等分数。
- 请选择需要等分的尺寸区间<退出>：该区间的尺寸文字按等式标注,按回车键退出命令。

（10）尺寸等距

本命令用于对选中尺寸标注在垂直于尺寸线方向进行尺寸间距的等距调整。

"尺寸标注"→"尺寸编辑"→"尺寸等距（CCDJ）"

点取菜单命令后，命令行提示：

● 选择参考标注<退出>：选取作为基点的尺寸标注，在等距调整中参考标注不动，其他标注按要求调整位置。

● 选择其他标注<退出>：选取等距调整的尺寸标注，支持点选和框选。

● 请选择其他标注：重复提示直至右键回车或空格确认。

● 请输入尺寸线间距<2000>：3000 键入尺寸线间距，按回车键退出命令。

注意：

①命令仅对线性标注起作用。

②在其他标注选择的多个尺寸标注中，命令只对与参考标注同一方向的尺寸标注执行操作。

③下次命令执行给出的尺寸间距默认值为上一次的修改值。

（11）对齐标注

本命令用于一次按 Y 向坐标对齐多个尺寸标注对象，对齐后各个尺寸标注对象按参考标注的高度对齐排列。

"尺寸标注"→"尺寸编辑"→"对齐标注（DQBZ）"

点取菜单命令后，命令行提示：

● 选择参考标注<退出>：选取作为样板的标注，其高度作为对齐的标准。

● 选择其他标注<退出>：选取其他要对齐排列的标注。

● 选择其他标注<退出>：按回车键退出命令。

（12）增补尺寸

本命令在一个天正自定义直线标注对象中增加区间，增补新的尺寸界线断开原有区间，但不增加新标注对象，双击尺寸标注对象即可进入本命令。

"尺寸标注"→"尺寸编辑"→"增补尺寸（ZBCC）"

点取菜单命令后，命令行提示：

● 请选择尺寸标注<退出>：点取要在其中增补的尺寸线分段。

● 点取待增补的标注点的位置或［参考点（R）]<退出>：捕捉点取增补点或键入 R 定义参考点。

如果给出了参考点，这时命令提示：

● 参考点：点取参考点，然后从参考点引出定位线，无参考点直接到这里。

● 点取待增补的标注点的位置或［参考点（R）/撤销上一标注点（U）]<退出>：按该线方向键入准确数值定位增补点。

● 点取待增补的标注点的位置或［参考点（R）/撤销上一标注点（U）]<退出>：连续点取其他增补点，没有顺序区别。

● 点取待增补的标注点的位置或［参考点（R）/撤销上一标注点（U）]<退出>：最后按回车键退出命令。

（13）切换角标

本命令将角度标注对象在角度标注、弦长标注与新标准或者旧标准的弧长标注 3 种模式之间切换。

"尺寸标注"→"尺寸编辑"→"切换角标（QHJB）"

点取菜单命令后，命令行提示：

- 请选择天正角度标注：点取角度标注或者弦长标注，切换为其他模式显示。
- 请选择天正角度标注：以按回车键结束命令。

（14）尺寸转化

本命令将 ACAD 尺寸标注对象转化为天正标注对象。

"尺寸标注"→"尺寸编辑"→"尺寸转化（CCZH）"

点取菜单命令后，命令行提示：

- 请选择 ACAD 尺寸标注：一次选择多个尺寸标注，按回车键进行转化，完成后提示：

全部选中的 N 个对象成功的转化为天正尺寸标注。

A.13　符号标注

照建筑制图的国标工程符号规定画法，天正软件提供了一整套的自定义工程符号对象，这些符号对象可以方便地绘制剖切号、指北针、引注箭头，绘制各种详图符号、引出标注符号。使用自定义工程符号对象，不是简单地插入符号图块，而是而是在图上添加了代表建筑工程专业含义的图形符号对象，工程符号对象的提供了专业夹点定义和内部保存有对象特性数据，用户除了在插入符号的过程中通过对话框的参数控制选项，根据绘图的不同要求，还可以在图上已插入的工程符号上，拖动夹点或者"Ctrl+1"启动对象特性栏，在其中更改工程符号的特性，双击符号中的文字，启动在位编辑即可更改文字内容。

符号标注的特点功能如图 A.37 所示。

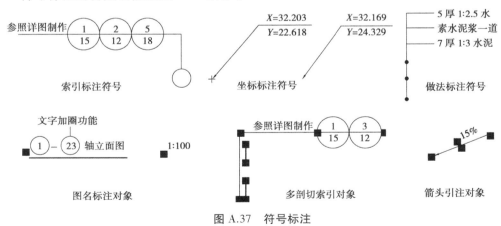

图 A.37　符号标注

①引入了文字的在位编辑功能，只要双击符号中涉及的文字，进入在位编辑状态，无须命令即可直接修改文字内容。

②索引符号提供多索引，拖动"改变索引个数"夹点可增减索引号，还提供了在索引延长线上标注文字的新功能。

③剖切索引符号可增加多个剖切位置,引线可增加转折点,可拖动夹点,分别改变多剖切线各段长度。

④箭头引注提供了规范的半箭头样式,用于坡度标注,坐标标注提供了4种箭头样式。

⑤图名标注对象方便了比例修改时的图名的更新,新的文字加圈功能便于注写轴号。

⑥工程符号标注改为无模式对话框连续绘制方式,不必单击"确认"按钮,提高了效率。

⑦做法标注结合了新的"专业词库"命令,新提供了标准的楼面、屋面和墙面做法,新增了新制图规范的索引点标注功能。

天正的符号对象可随图形指定范围的绘图比例的改变,对符号大小、文字字高等参数进行适应性调整,以满足规范的要求。剖面符号除了可以满足施工图的标注要求外,还为生成剖面定义了与平面图的对应规则,天正符号标注扩展了"文字复位"命令的功能,可以恢复包括标高符号、箭头引注、剖面剖切和断面剖切4个对象中的文字原始位置。

符号标注的各命令由主菜单下的"符号标注"子菜单引导:

"索引符号"和"索引图名"两个命令用于标注索引号。

"剖面剖切"和"断面剖切"两个命令用于标注剖切符号,同时为剖面图的生成提供了依据。

"画指北针"和"箭头绘制"命令分别用于在图中画指北针和指示方向的箭头。

"引出标注"和"做法标注"主要用于标注详图。

"图名标注"为图中的各部分注写图名。

附录 B　AutoCAD 常用命令

（1）常用绘图命令

常用绘图命令见表 B.1。

表 B.1　常用绘图命令

命　令	命令别名	功　能
LINE	l	绘制直线
MLINE	ml	绘制多线（多重平行线）
PLINE	pl	绘制多段线
POLYGON	pol	绘制正多边形
RECTANG	rec	绘制矩形
ARC	a	创建圆弧
CIRCLE	c	创建圆
ELLIPSE	el	创建椭圆
BLOCK	B	创建块
WBLOCK	w	写块文件

续表

命 令	命令别名	功 能
INSERT	i	插入块
POINT	po	创建点
BHATCH	bh（h）	用图案填充封闭区域
DTEXT	dt	创建单行文字
MTEXT	mt（t）	创建多行文字
DIVIDE	div	定数等分
MEASURE	me	定距等分
PLOT	print	打印图形

（2）常用编辑命令

常用编辑命令见表 B.2。

表 B.2　常用编辑命令

命 令	命令别名	功 能
ERASE	e	删除
COPY	co(cp)	复制
MIRROR	mi	镜像
OFFSET	o	偏移
ARRAY	ar	阵列
MOVE	m	移动
ROTATE	ro	旋转
SCALE	sc	比例缩放
STRETCH	s	拉伸对象
LENGTHEN	len	直线拉长
TRIM	tr	修剪
EXTEND	ex	延伸
BREAK	br	打断
CHAMFER	cha	倒角
FILLET	f	倒圆角
EXPLODE	x	分解
DDEDIT	ed	编辑修改文字注释
PEDIT	pe	编辑多段线

（3）缩放命令

缩放命令见表 B.3。

表 B.3　缩放命令

命 　令	命令别名	功 　能
PAN	p	在当前视口移动视图
ZOOM	z	放大或缩小当前视图中的对象
PURGE	pu	从图形中删除未使用的块定义、图层等项目
REDRAW	r	刷新图形
REDRAWALL	ra	刷新所有视口的显示
REGEN	re	从图形数据库重生成整个图形
REGENALL	rea	重生成图形并刷新所有视口

（4）尺寸标注命令

尺寸标注命令见表 B.4。

表 B.4　尺寸标注命令

命 　令	命令别名	功 　能
DIMLINEAR	DLI	直线标注
DIMALIGNED	DAL	对齐标注
DIMRADIUS	DRA	半径标注
DIMDIAMETER	DDI	直径标注
DIMANGULAR	DAN	角度标注
DIMCENTER	DCE	中心标注
DIMORDINATE	DOR	点标注
TOLERANCE	TOL	标注形位公差
QLEADER	LE	快速引出标注
DIMBASELINE	DBA	基线标注
DIMCONTINUE	DCO	连续标注
DIMSTYLE	D	标注样式
DIMEDIT	DED	编辑标注
DIMOVERRIDE	DOV	替换标注系统变量

（5）查询命令

查询命令见表 B.5。

表 B.5　查询命令

命　令	命令别名	功　能
AREA	aa	计算对象或定义区域的面积和周长
DIST	di	两点之间的距离、角度
LIST	li（ls）	显示选定对象的数据库信息
ID	id	显示点坐标

（6）常用功能命令

常用功能命令见表 B.6。

表 B.6　常用功能命令

命　令	功　能
F1	帮助
F2	文本窗口开关
F3	对象捕捉开关
F4	数字化仪开关
F5	等轴测平面右/左/上转换开关
F6	坐标开关
F7	栅格开关
F8	正交开关
F9	捕捉开关
F10	极轴开关
F11	对象捕捉追踪开关
F12	动态输入开关

参考文献

［1］ 丛书编委会.中文 AutoCAD 2008 入门·进阶·提高［M］.西安:西北工业大学音像电子出版社,2007.

［2］ 张国权,胡国锋,郭慧玲.AutoCAD 2008 中文版应用教程［M］.北京:电子工业出版社,2008.

［3］ 曾刚.AutoCAD 2010 建筑绘图教程［M］.北京:高等教育出版社,2011.

［4］ 冯健.土木工程 CAD［M］.南京:东南大学出版社,2005.

［5］ 崔艳秋,姜丽荣,吕树俭.建筑概论［M］.2 版.北京:中国建筑工业出版社,2006.

［6］ 王茹,雷光明.AutoCAD 计算机辅助设计(土木工程类)［M］.北京:人民邮电出版社,2012.

［7］ 姜勇,李善锋,谢卫标.AutoCAD 建筑制图教程［M］.北京:人民邮电出版社,2009.

［8］ 周戒.房屋建筑工程专业基础知识［M］.北京:中国环境科学出版社,2010.

［9］ 肖明,张营.建筑工程制图［M］.2 版.北京:北京大学出版社,2012.

［10］ 李建平,刘荷花.AutoCAD 2008 从入门到精通［M］.北京:科海电子出版社,2008.

［11］ 张帆.AutoCAD 2009 机械制图［M］.北京:机械工业出版社,2008.

［12］ 伍乐生.建筑装饰 CAD 实例教程及上机指导［M］.北京:机械工业出版社,2011.

［13］ 武晓丽,刘荣珍,王欣.AutoCAD 2010 基础教程［M］.北京:中国铁道出版社,2011.

［14］ 杜中友,姜庆娜,张海林,等.计算机辅助设计与绘图技术(AutoCAD 教程)［M］2 版.北京:中国铁道出版社,2010.

［15］ 北京天正软件股份有限公司.天正软件——建筑系统 TArch2013 使用手册［M］.北京:中国建筑工业出版社,2013.